"十三五"江苏省高等学校重点教材
编号2018-2-072

现代食品安全分析综合实训指导

陈洪渊题

主　编　陈昌云
副主编　王　颖　杨　慧　李周敏　何凤云
编　委　陈昌云　王　颖　张长丽　何凤云
　　　　黄　芳　胡耀娟　杨　慧　薛蒙伟
　　　　李周敏　李钟卉
主　审　许丹科

U0250107

食品安全分析实训线上资源

南京大学出版社

图书在版编目(CIP)数据

现代食品安全分析综合实训指导 / 陈昌云主编.
— 南京：南京大学出版社，2019.6
ISBN 978 - 7 - 305 - 22384 - 6

Ⅰ.①现… Ⅱ.①陈… Ⅲ.①食品安全－食品分析
Ⅳ.①TS207.3

中国版本图书馆 CIP 数据核字(2019)第 119132 号

出版发行　南京大学出版社
社　　址　南京市汉口路 22 号　　　　　邮　编　210093
出 版 人　金鑫荣
书　　名　现代食品安全分析综合实训指导
主　　编　陈昌云
责任编辑　甄海龙　蔡文彬　　　　　　编辑热线　025 - 83592146
照　　排　南京南琳图文制作有限公司
印　　刷　南京人民印刷厂有限责任公司
开　　本　787×960　1/16　印张 9.25　字数 170 千
版　　次　2019 年 6 月第 1 版　2019 年 6 月第 1 次印刷
ISBN 978 - 7 - 305 - 22384 - 6
定　　价　28.00 元

网址：http://www.njupco.com
官方微博：http://weibo.com/njupco
官方微信号：njupress
销售咨询热线：(025) 83594756

前　言

随着食品全球化的发展,面对更高和更复杂的食品分析要求,食品安全越来越受到行业和全社会的重视,成为食品分析的重要组成部分和研究热点。食品安全的检测企业蓬勃发展,检测产品不断更新换代。

食品安全分析检测是一门和实践息息相关的课程,一方面实验室检测中对仪器分析的依赖性越来越高,一方面现场快速检测已经成为食品相关企业的重要方法。现有的相关教材中,绝大多数都侧重于经典传统的方法和一般实验室检测。为了满足不断发展的实践教学需要,有力地实现产教融合,我们和企业专家联合编写了这本教材。该书对于应用型本科高校食品安全领域的创新型人才培养和相关企业的员工培训都具有重要意义。

本教材选取食品安全检测相关高科技企业和高校专业教学在该领域的成熟研究成果集合而成具有代表性的综合性和设计性实验。针对现有的食品安全技术进行了革新,可以很好地解决传统教材中专业实训和实际生产以及技术发展不能紧密联系的问题,使读者更好地了解食品安全领域的发展现状和应用。

本教材包括两篇共六章内容,第一篇是实验技术指导;第二篇是食品安全分析综合实训。由南京晓庄学院、南京大学和南京祥中生物科技有限公司联合编写。参加编写的人员有南京晓庄学院陈昌云、王颖、杨慧、何凤云、胡耀娟、黄芳、张长丽和薛蒙伟;南京祥中生物科技有限公司李钟卉;南京大学李周敏。全书由南京大学许丹科教授审定。

由于时间比较仓促,编者水平有限,在教材中难免出现一些疏漏,恳请读者批评指正。

编　者

2018 年 10 月于南京方山

目　　录

第一篇

实验技术指导

第一章 食品分析实验室的要求和管理

第一节 食品分析实验室的基本要求

食品分析实验室的整体设计要符合 CNAS、CMA、ISO9001 标准,建设规划要合理,运行使用要科学,应充分考虑实验室供电、供水、供气、通风、排污、安全措施、环境保护等基础设备和基础条件的应急与保障,提高实验室的效率和检测质量,确保实验人员和实验室的安全。

根据实验室工作的特性,应配备办公室、档案室、收样及样品储藏室、天平室、样品前处理室、高温室、洗涤室、实验用水制备室、小型仪器室、大型仪器室、暗房、试剂储藏室和特殊气体储藏室。

实验室基本要求是防止意外事故、保证正常实验环境和工作秩序的重要前提,是必须严格遵守的实验室工作规范。具体如下:

(1)实验前必须明确实验内容,了解实验原理、实验方法和实验步骤,同时要注意食品检测的相关规定,并检查仪器是否完备,试剂是否齐全,方可进行实验。

(2)实验时严格遵守操作规程,不得擅自改变实验内容和操作步骤,以保证实验安全。

(3)实验时保持安静,集中精力,认真操作,仔细观察,详细记录实验现象和实验数据,实验记录不得随意涂改。

(4)注意安全操作,遵守安全规则,并爱护实验室内各类仪器,按照规则使用并保持设备清洁。实验中的昂贵设备,未经许可不得擅自开关。精密仪器需经专门培训方能操作,未经许可不得改变设备仪器的预设参数。设备仪器出现故障或发生事故,应及时向实验室负责人报告,安排专业人员进行检修。

(5)应按规定的量取用试剂。试剂自瓶中取出后,不应倒回原试剂瓶。取完试剂后,及时盖上盖子并放回原处,以免污染试剂。不同溶液取用应固定滴管或移液管,防止交叉污染。公用试剂不得挪动位置或取走。节约使用试剂、水等实验材料,避免浪费。

（6）注意用电安全，保持实验室及台面的整洁。实验废弃物应按要求处理好后放入指定的容器中，需回收的试剂应倒入指定的回收瓶中，不得随意丢弃。同时，实验室内的仪器、药品以及其他用品不得带出实验室。

（7）实验产生的废水、废气、废渣应及时处理，以防污染环境。

（8）实验结束后，需认真清洗玻璃仪器，整理实验台面，清扫实验室，关好水、电、气及门窗，经许可后方可离开。

第二节　食品分析实验室的安全管理

食品分析类实验主要用于食品安全性检测、营养组分的检测等,属于化学分析实验,实验材料多为易燃、易爆、剧毒、强腐蚀性化学药品和试剂,实验中常使用氧气、氢气、氮气、乙炔气、石油气等易燃、易爆的气体,且在实验过程中多要进行高温加热操作,实验人员如不了解实验中所用化学药品的性质,容易造成化学药品配制、使用不当,从而引起液体飞溅,甚至爆炸等严重灾害事故。因此,必须根据化学药品的特点有针对性地开展相关安全知识培训,并采取预防处置方案,在事故发生前合理地去除各种隐患,包括常用化学危险品的安全标志及识别、对化学危险品的正确防护及罐装气体使用安全等。在实验室布局方面,必须配备通风橱、吸顶式排风罩进行局部排风,并配备紧急洗眼器、紧急淋浴器等急救设施。实验人员切不可麻痹大意,要严格遵守实验操作规范。

(1) 了解实验室布局,室内水、电、气的管线分布及消防器材的放置地点,熟悉各类灭火、逃生装置的使用方法。

(2) 注意不能用湿手接触电源,仪器使用完毕后应及时拔掉电源插头。

(3) 严禁在实验室内吸烟、饮食。

(4) 严禁任意混合各种化学试剂,以免发生意外事故。

(5) 不能用手直接取用固体药品,对一些有毒药品,如铬(VI)的化合物、汞的化合物、砷的化合物、可溶性钡盐、铅盐、镉盐,特别是氰化物,不得接触伤口与口腔,其废液必须倒入指定的回收瓶统一回收处理。

(6) 取用浓酸、浓碱和能产生有刺激性或有毒气体的实验操作必须在通风橱中进行,带上护目镜与手套,做好防护措施。

(7) 使用酒精灯应随用随点,不用时盖上灯罩,不要用已点燃的酒精灯去点燃别的酒精灯,以免酒精流出而失火。

(8) 万一发生火灾,不要惊慌,应尽快切断电源或燃气源,用石棉布或湿抹布熄灭(盖住)火焰。密度小于水的非水溶性有机溶剂着火时,不可用水浇,以防止火势蔓延。电器着火时,不可用水冲,以防触电,应使用干粉灭火器或干冰进行灭火。着火范围较大时,应立即用灭火器灭火,并根据火情决定是否要报告消防部门。

第三节　实验室废弃物的处理

一、实验室废弃物收集的一般办法

1. **分类收集法**
按废弃物的类别性质和状态不同,分门别类收集。
2. **按量收集法**
根据实验过程中排出的废弃物的量的多少或浓度高低予以收集。
3. **相似归类收集法**
性质或处理方式、方法等相似的废弃物收集在一起。
4. **单独收集法**
危险废弃物应予以单独收集处理。

二、实验室废弃物回收具体实施细则

1. 各实验室明确废弃物存放位置,并有明显提示标识。
2. 使用套袋有盖垃圾桶盛装无污染的固体废弃物。
3. 破损玻璃制品如试管、量筒等,实验用完后的滤纸、称量纸等需用自来水冲净沾有的化学试剂于废液中方可丢弃。
4. 废弃的试剂瓶必须统一回收、存放并交由有资质的环保单位进行处理,不可随意丢弃。

三、实验室"三废"的处理

1. **实验室的废气**
所有产生废气的实验必须在通风橱中进行,并备有吸收或处理装置,用吸附、吸收、氧化、分解等方法处理完后达到国家排放标准的气体方可通过排风装置排至室外,排气管必须高于附近房顶 3 m 以上。
常用的吸收剂及处理方法如下:
(1) 氢氧化钠稀溶液:处理卤素、酸性气、甲醛、酰氯等。
(2) 稀酸溶液(H_2SO_4 或 HCl):处理氨气、胺类等。
(3) 浓硫酸:吸收有机物。
(4) 活性炭、分子筛等吸附剂:吸收气体、有机物气体。
(5) 水:吸收水溶性气体,如氯化氢、氨气等。

（6）氢气、一氧化碳、甲烷气：如果排出量大，应点火燃烧处理。但要注意，反应体系空气排净以后，再点火。最好，事先用氮气将空气赶走再反应。

（7）较重的不溶于水的挥发物：导入水底，使之下沉。用吸收瓶吸入后再处理。

2. 实验室的废渣

实验室产生的有害固体废渣量虽然不多，但绝不能将其与生活垃圾混倒，必须分类收集，存放并交由有资质的环保单位进行处理。

3. 实验室的废液

实验室废液的成分及数量稳定度低，种类繁多且浓度高。所以，实验室废液处理的危险性也相对增高。在处理时，应注意如下事项：

（1）根据废液的性质分别收集。如毒性大的 Hg、Cd、Pb 等的盐溶液与重金属盐溶液应单独回收。而乙醇、甲醇、石油醚、甲醛等有机溶剂，应回收至指定的回收瓶中，然后由实验老师进行提纯，以供进一步使用。如若试剂已无法重复使用，再存放于专门容器中，交由环保单位进行统一处理。

（2）对废酸、废碱，采取能重复利用的，尽量重复回收利用，不能回收利用的，装到回收瓶中进行回收，以其他试剂进行酸碱中和，pH 呈中性后方可排放到下水道中。

（3）大部分的实验室废液触及皮肤仅有轻微的不适，少部分腐蚀性废液会伤害皮肤，有一部分废液则会经由皮肤吸收而致毒，所以在收集、搬运或处理时需要特别注意，不可接触皮肤。

（4）不可任意混合其他废液，以避免产生爆炸的危险。

第四节 食品安全行业实验室检测标准与规范

现阶段,我国食品安全行业实验室检测标准与规范主要有 CMA 标准、CNAS 标准和 ISO9001 标准,以及《食品安全检测移动实验室通用技术规范》(GB/T 29471—2012)。

一、CMA 标准简介

CMA 是"China Metrology Accreditation"的缩写,中文含义为"中国计量认证"。它是根据中华人民共和国计量法的规定,由省级以上人民政府计量行政部门对检测机构的检测能力及可靠性进行的一种全面的认证及评价。这种认证对象是所有对社会出具公正数据的产品质量监督检验机构及其他各类实验室,如各种产品质量监督检验站、环境检测站、疾病预防控制中心等等。取得计量认证合格证书的检测机构,允许其在检验报告上使用 CMA 标记,有CMA 标记的检验报告可用于产品质量评价、成果及司法鉴定,具有法律效力。

CMA 是我国第三方检验检测实验室的强制性市场准入制度。对于加强质量监管及支撑自主创新发挥着制度性保障作用,是对实验室管理水平和技术能力的评定。通过参与 CMA 资质认定,可有效促进高校实验室技术能力和管理水平的提高。

二、CNAS 标准简介

CNAS 是"China National Accreditation Service for Conformity Assessment"的缩写,中文含义为"中国合格评定国家认可委员会",是根据《中华人民共和国认证认可条例》的规定,由国家认证认可监督管理委员会批准设立并授权的国家认可机构,统一负责对认证机构、实验室和检查机构等相关机构的认可工作。

CNAS 由原中国认证机构国家认可委员会(英文简称为 CNAB)和原中国实验室国家认可委员会(英文简称为 CNAL)合并而成。CNAS 通过评价、监督合格评定机构(如认证机构、实验室、检查机构)的管理和活动,确认其是否有能力开展相应的合格评定活动(如认证、检测和校准、检查等)、确认其合格评定活动的权威性,发挥认可约束作用。

其中,实验室认可一般包括以下 8 个过程:

1. 实验室建立质量管理体系,并有效运行。

2. 实验室按要求提交认可申请书及相关资料。

3. 中国合格评定国家认可委员会(CNAS)秘书处审查申请资料,做出受理决定。必要时,安排初访。

4. 评审组审查申请资料,确定是否安排现场评审。必要时,安排预评审。

5. 根据现场评审计划通知书,评审组实施现场评审。

6. 需要时,实验室根据评审组提出的不符合项实施纠正/或纠正措施。评审组对不符合项实施整改验收。

7. CNAS秘书长根据评定委员会的评定结论做出认可决定,向获准认可实验室颁发认可证书以及认可决定通知书。

8. 后续工作。获得CNAS认可后的监督、复评审、扩大或缩小领域范围及认可变更。

为便于实验室管理人员和技术人员以及合格评定的从业人员查阅和使用CNAS的公开文件,现将实验室认可相关公开文件清单整理如下:

实验室认可公开文件清单(共49份)

序号	文件名称
机构规则文件	
1	CNAS—J01:2006《中国合格评定国家认可委员会章程》
2	CNAS—J02:2006《中国合格评定国家认可委员会认证机构技术委员会工作规则》
3	CNAS—J03:2006《中国合格评定国家认可委员会实验室技术委员会工作规则》
4	CNAS—J04:2006《中国合格评定国家认可委员会检查机构技术委员会工作规则》
5	CNAS—J05:2006《中国合格评定国家认可委员会评定委员会工作规则》
6	CNAS—J06:2006《中国合格评定国家认可委员会申诉委员会工作规则》
认可规范文件	
通用认可规则	
7	CNAS—R01:2006《认可标识和认可状态声明管理规则》
8	CNAS—R02:2006《公正性和保密规则》
9	CNAS—R03:2006《申诉、投诉和争议处理规则》
专用认可规则	
10	CNAS—RL01:2006《实验室和检查机构认可规则》
11	CNAS—RL02:2006《能力验证规则》

序号	文件名称
12	CNAS—RL03：2006《实验室和检查机构认可收费管理规则》
13	CNAS—RL04：2006《境外实验室和检查机构受理规则》
14	CNAS—RL05：2006《实验室生物安全认可规则》
	基本认可准则
15	CNAS—CL01：2006《检测和校准实验室能力认可准则》(ISO/IEC17025：2005)
16	CNAS—CL02：2006《医学实验室质量和能力认可准则》(ISO15189：2003)
17	CNAS—CL03：2006《能力验证计划提供者认可准则》(ILAC—G13)
18	CNAS—CL04：2006《标准物质/标准样品生产者能力认可准则》(ISO 导则 34：2000)
19	CNAS—CL05：2006《实验室生物安全认可准则》(GB19489：2004)
	专门要求和应用认可准则
20	CNAS—CL06：2006《量值溯源要求》
21	CNAS—CL07：2006《测量不确定度评估和报告通用要求》
22	CNAS—CL08：2006《评价和报告测试结果与规定限量符合性的要求》
23	CNAS—CL09：2006《实验室能力认可准则在微生物检测领域的应用说明》
24	CNAS—CL10：2006《实验室能力认可准则在化学检测领域的应用说明》
25	CNAS—CL11：2006《实验室能力认可准则在电子和电气检测领域的应用说明》
26	CNAS—CL12：2006《实验室能力认可准则在医疗器械检测领域的应用说明》
27	CNAS—CL13：2006《实验室能力认可准则在汽车和摩托车检测领域的应用说明》
28	CNAS—CL14：2006《实验室能力认可准则在无损检测领域的应用说明》
29	CNAS—CL15：2006《实验室能力认可准则在电声检测领域的应用说明》
30	CNAS—CL16：2006《实验室能力认可准则在电磁兼容检测领域的应用说明》
31	CNAS—CL17：2006《实验室能力认可准则在玩具检测领域的应用说明》
32	CNAS—CL18：2006《实验室能力认可准则在纺织检测领域的应用说明》
33	CNAS—CL19：2006《实验室能力认可准则在金属材料检测领域的应用说明》
34	CNAS—CL20：2006《实验室能力认可准则在信息技术软件产品检测领域的应用说明》
35	CNAS—CL21：2006《实验室能力认可准则在卫生检疫领域的应用说明》

(续表)

序号	文件名称
36	CNAS—CL22:2006《实验室能力认可准则在动物检疫领域的应用说明》
37	CNAS—CL23:2006《实验室能力认可准则在植物检疫领域的应用说明》
38	CNAS—CL24:2006《实验室能力认可准则在黄金、珠宝检测领域的应用说明》
39	CNAS—CL25:2006《实验室能力认可准则在校准领域的应用说明》
认可指南	
40	CNAS—GL01:2006《实验室认可指南》
41	CNAS—GL02:2006《能力验证结果的统计处理和能力评价指南》
42	CNAS—GL03:2006《能力验证样品均匀性和稳定性评价指南》
43	CNAS—GL04:2006《量值溯源要求的实施指南》
44	CNAS—GL05:2006《测量不确定度要求的实施指南》
认可申请书	
45	CNAS—AL01:2006《实验室认可申请书》
46	CNAS—AL02:2006《医学实验室认可申请书》
47	CNAS—AL03:2006《能力验证计划提供者认可申请书》
48	CNAS—AL04:2006《标准物质生产者认可申请书》
49	CNAS—AL05:2006《实验室生物安全认可申请书》

三、ISO9001 标准介绍

ISO9001 标准是国际标准化组织(ISO)总结了世界全面质量管理实践经验,高度概括了质量管理的一般性规律,从而制订出的一套具有通用性和指导性的质量管理体系国际标准。

其中,ISO17025 是实验室认可服务的国际标准,目前最新版本是 2005 年 5 月发布的,全称是 ISO/IEC17025:2005－5－15《检测和校准实验室能力的通用要求》,是由国际标准化组织 ISO/CASCO(国际标准化组织/合格评定委员会)制定的实验室管理标准,该标准的前身是 ISO/IEC 导则 25:1990《校准和检测实验室能力的要求》。国际上对实验室认可进行管理的组织是"国际实验室认可合作组织(ILAC)",由包括中国实验室国家认可委员会(CNACL)在内的 44 个实验室认可机构构成。

参考文献

[1] 孙尔康,张剑荣,马全红等.分析化学实验[M].南京:南京大学出版社,2015:1-9.

[2] 认证机构认可、实验室认可、检查机构认可公开文件明细[J].现代测量与实验室管理,2007:62-64.

[3] 林景星.实验室认可流程[J].中国计量,2015:21-23.

[4] 曾艳.高校实验室资质认定现状与发展[J].中国现代教育装备,2012(17):26-29.

[5] 国家质量监督检验检疫总局/国家认证认可监督管理委员会.《检验检测机构资质认定管理办法》释义[M].北京:中国质检出版社,中国标准出版社,2015.

第二章　食品安全分析中的样品前处理技术

食品安全分析主要针对食品中的各种添加剂,因种植或养殖过程中引入的农药残留、兽药残留,食品储藏过程和加工过程中可能产生的生物毒素、有害物质,以及因环境污染引入的各类污染物,如重金属、硝酸盐、多氯联苯等进行分析检测。大多数的食品样品不能直接用仪器进行分析,需要先进行样品前处理。因此分离富集出足够浓度的目标组分并适应分析仪器进行定性定量检测是食品安全分析中一个十分重要的环节。

传统的样品前处理方法中溶剂萃取法的应用最为广泛,近年来出现了一些简单、快速、准确、低毒环保的样品前处理技术,如固相萃取(solid-phase extraction,SPE)、固相微萃取(solid-phase microextraction,SPME)、分散液液微萃取(disperse liquid-liquid microextraction,DLLME)、离子液体萃取技术等。本章将对本书实验中用到的一些样品前处理技术做一个介绍。

第一节　溶剂萃取

溶剂萃取法又称作液液萃取法,是利用不同物质在互不相溶的两相(水相和有机相)间分配系数的差异,使目标组分和样液相互分离的方法。溶剂萃取既可以用于有机物的分离也可以用于无机物的分离。在萃取过程中加入的溶剂称为萃取剂,混合物中待分离的组分称为溶质。萃取剂应对溶质具有较大的溶解能力,或可与溶质生成"萃合物"实现相转移。液体混合物中的其他组分应与萃取剂不相溶或部分相溶。萃取过程一般在常温下进行,萃取相需要用精馏或者反萃取等方法进行分离,得到含溶质的产品和萃取剂,萃取剂可以循环使用。

溶剂萃取至今仍是实验室和工业上应用最为广泛的萃取技术。仪器简单,操作方便,分离选择性比较高。但是也存在着有机溶剂使用量大,分离效率不够高等缺点。

一、萃取基本理论

在萃取过程中,当被萃取物在单位时间内从水相进入有机相的量与从有机相进入水相的量相等时,萃取体系处于动态平衡。如果萃取条件发生变化,则原来的平衡被打破,达到新的平衡。溶剂萃取中的基本概念包括分配常数、分配系数、萃取率,萃取分离因数等。

1. 分配常数

1891 年 Nernst 提出了分配定律来阐述液液分配平衡关系。他提出:在给定温度下,某一溶质在互不相溶的两种溶剂中达到分配平衡时,则该溶质在两相中的平衡浓度的比值为一常数。

$$K_D = \frac{[A]_{(O)}}{[A]_{(w)}}$$

式中 K_D 为分配常数,$[A]_{(O)}$,$[A]_{(w)}$ 分别为萃取溶质 A 在有机相和水相中达到平衡的浓度。

2. 分配系数

当溶质 A 在某一相或者两相中发生离解、缔合、配位或者离子聚集等现象时,溶质在同一相中可能存在着多种形态。通常情况下,实验测定值代表每相中被萃取物质多种存在形态的总浓度,所以用分配系数 D 来表示某溶质在两相间的分配状况,即某种物质在有机相中各形态的总浓度与其在水相中各形态的总浓度的比值。

$$D = \frac{\sum_i [A_i]_{(O)}}{\sum_i [A_i]_{(w)}}$$

只有在比较简单的体系中,才可能出现 $K_D = D$ 情况,在一般情况下两者并不相等。分配系数不是常数,随着实验条件的改变而变化,通常由实验测定。在实际应用中,分配系数比分配常数更具有实用价值。D 值越大,则被萃取物在萃取相中的浓度越大,表示在一定条件下萃取剂的萃取能力越强。

3. 萃取率

在萃取实验中,萃取率表示萃取过程中被萃取物质由料液相转入萃取相的量占原始料液相中总量的百分比,代表萃取分离的程度。

$$E = \frac{萃取相中被萃取物质的量}{原始料液中被萃取物质的总量} \times 100\%$$

对于一次萃取操作,萃取率为:

$$E = \frac{C_{(O)} V_{(O)}}{C_{(O)} V_{(O)} + C_{(w)} V_{(w)}} \times 100\%$$

将有机相和水相的体积之比称为相比 R,可以推导出萃取率和分配系数之间的关系:

$$E=\frac{D}{D+\dfrac{1}{R}}\times100\%$$

由此可见,萃取率的高低取决于分配系数和相比的大小。分配系数和相比越大,萃取率越高。对于分配系数比较小的物质,可以通过增加有机相的体积来增加萃取率,但是有机相体积的增加也会降低有机相中的溶质浓度。所以通常采用多次萃取或者连续萃取来提高总萃取率。

4. 萃取分离因数

通常情况下,萃取分离过程不只是把某一组分从料液相中提取出来,而是要将料液中的多个组分分离开来。以两种待分离组分的萃取分离为例,在一定条件下,两种待分离的物质在两相间的分配系数之比称为分离因数。

$$\beta=\frac{D_A}{D_B}=\frac{\left[\sum A\right]_{(O)}\left[\sum B\right]_{(W)}}{\left[\sum A\right]_{(W)}\left[\sum B\right]_{(O)}}$$

萃取分离因数 β 表示了分离体系中两种物质分离的难易程度。习惯上把分配系数比较大物质 A 放在分子位置,分配系数比较小的物质 B 放在分母位置,所以分离因子越大,两种物质越容易分开。若 $\beta=1$,两种物质就无法分离。

二、萃取条件的选择

1. 萃取剂的选择

(1) 萃取能力强,萃取容量大。虽然目前某种溶剂溶解某种化合物的能力还没有一个完整的理论,但是大量的实践表明极性化合物易溶于极性溶剂,非极性化合物易溶于非极性溶剂,这一规则称为"相似相溶规则"。

(2) 具有足够的疏水性。保证萃取剂难溶于水相,易分层,分配系数大。

(3) 选择性高。对待分离的几种物质的分离因数大,萃水量小。

(4) 易于反萃取和溶质回收。

(5) 化学稳定性好,便于安全操作。

2. 溶液的酸度

酸度对于萃取体系的影响很大,不同萃取体系中酸度的影响差异也很大。

3. 盐析剂的选择

在萃取过程中,往水相中加入另外一种无机盐使目标萃取物的分配系数提高的作用称为盐析作用,所加入的无机盐称为盐析剂。通常离子价态较高,离子半径较小的金属盐具有较强的盐析作用。

三、实验室萃取分离方式

1. 单级萃取

单级萃取又称间歇萃取法,通常用 60~125 mL 梨形分液漏斗进行萃取,萃取一般在几分钟内可达到平衡,分析多采用这种方法。

2. 多级萃取

多级萃取又称错流萃取。该方法是将水相固定,用新鲜的有机相进行多次萃取,可提高分离效果。多级萃取适用于水相中只含有一种被萃物的实验,方法简单,总萃取率高,但是有机相使用多会增加成本和工作量。

3. 连续萃取

此方法中溶剂得到了循环利用,提高了总萃取率。

4. 分层

萃取中的分层是指萃取后让溶液静置,待分层后再将两相分开。如果在两相界面上出现沉淀或形成乳浊液,一般应增大萃取剂的用量,加入盐析剂或者改变酸度等方法消除。

5. 洗涤

洗涤可以除去有机相中的杂质,洗涤液的组成和样品提取液的组成相同但不含试样,洗涤方式与萃取操作相同,通常洗涤 1~2 次即可。

四、超声波和微波辅助萃取法

1. 超声波萃取

超声波是指频率在 20 千赫到 50 兆赫的电磁波。超声波萃取(Ultrasound Extraction,UE),也叫超声波辅助萃取、超声波提取,是利用超声波辐射压强产生的强烈空化效应、扰动效应、高加速度、击碎和搅拌作用等多级效应,增大物质分子运动频率和速度,增加溶剂穿透力,增大样品和萃取溶剂之间的接触面积,从而加速目标成分进入溶剂,促进提取的进行。超声波萃取技术与常规的萃取技术相比,具有快速、价廉、高效等显著优势。早在 20 世纪 50 年代,超声波萃取技术就得到了广泛的应用,是一个非常成熟的技术。目前在食品安全领域特别是农药残留、食品中痕量有毒害物质的提取检测中发挥了很好的作用。

超声波萃取对溶剂和目标萃取物的性质要求不高,可供选择的萃取溶剂种类多,目标萃取物范围广。目前,实验室广泛使用的超声波萃取仪是将超声波换能器产生的超声波通过介质(通常是水)传递并作用于样品,属于间接作用方式,如果实验室用的超声波频率较大会产生一定噪声。

2. 微波辅助萃取

微波是指频率在 300 MHz 至 300 GHz 的电磁波。微波辅助萃取
(Microwave-Assisted Extraction，MAE)是 20 世纪 80 年代由匈牙利学者
Ganzler 等提出的。该技术最早是作为一种样品制备技术用于从土壤、种子、
食品和饲料中分离各种类型化合物,之后由于其具有萃取时间短、选择性好、
萃取剂用量少、回收率高、重现性好等众多优点而得到了广大分析工作者的认
同和关注。目前 MAE 作为一种新颖的样品前处理技术广泛用于多种食品污
染物的检测中。

微波辅助萃取是利用微波能加热来提高萃取效率的一种新技术,与传统
的热传导、热传递加热方式不同,它是通过偶极子旋转和离子传导两种方式里
外同时加热,无温度梯度,因此热效率高、升温快速均匀,大大缩短了萃取时
间,提高了萃取效率。在微波场中,不同物质对微波能的吸收程度不同,这样
就使得基体物质的某些区域或萃取体系中的某些组分被选择性加热,从而呈
现出较好的选择性。

现在实验室常用的微波辅助萃取装置根据萃取罐的类型可分为两大类:
密闭式和开罐式聚焦微波辅助萃取装置,工作频率均为 2450 MHz。

密闭式微波辅助萃取装置的炉腔中可容多个密闭萃取罐,备有自动调节
温度和压力的装置,可实现温-压可控萃取。该系统的优点是一次可制备多个
样品、易于控制萃取条件,且可在比溶剂沸点高得多的温度下进行,因此更加
有利于被分析组分从基体中迅速萃取出来,不易损失。开罐式聚焦微波辅助
萃取装置的萃取罐与大气相通,只能实现温度控制,不能控制压力。与密闭式
相比,该装置由于在常压下使用操作更加安全,制样量大,但一次不能萃取多
个样品。

第二节 固相萃取

固相萃取(solid phase extraction，SPE)是一种基于液-固色谱理论,通过固定相对样品中目标组分或杂质进行选择性吸附,实现目标组分与样品基体和干扰组分的分离或富集的一种样品前处理方法。SPE 适用于气态及液态样品前处理,对于固态样品,必须将其转化为液态之后才能进行固相萃取。SPE 技术自 20 世纪 70 年代后期问世以来,发展迅速,广泛应用于环境、制药、临床医学、食品等领域。根据固相萃取的目的,SPE 分为两种模式。一种是目标化合物吸附模式固相萃取,即 SPE 柱主要用于吸附目标化合物。另外一种是杂质吸附模式固相萃取,即 SPE 柱主要用于吸附样品中的杂质。

一、固相萃取与高效液相色谱的比较

固相色谱技术的发展在很大程度上得益于高效液相色谱(HPLC)填料技术的发展。因此,固相萃取技术与高效液相色谱技术有很多相似之处。两者都是通过液体中的目标化合物在固体填料中的吸附和脱附达到分离的目的。

但是两者也有很多区别之处,如两者的目的不同。在分析型 HPLC 中,希望尽可能在短的时间内将混合物中的各组分分开实现待测组分的定性分析和定量分析,而固相萃取的目的是将目标化合物从复杂的样品基质中分离出来,将干扰组分尽可能去除,将目标化合物进行浓缩,以便更好地利用后续的分析仪器进行有效的定性、定量分析等。由于 SPE 与 HPLC 的目的不同,洗脱方式、柱的构成等也有所不同。HPLC 中,样品瞬间进入色谱柱,并在柱头聚集,然后在固定相的作用下不断地进行吸附—脱附,直至流出色谱柱。而在 SPE 中,化合物在 SPE 上的行为属于前沿色谱,或称开关色谱。样品不断流进 SPE 柱,化合物被吸附。在这个过程中没有流动相或者说样品基质就是流动相。在洗脱时,目标化合物随洗脱溶剂流出 SPE 柱。表 2-1 给出了 SPE 与 HPLC 的比较。

表 2-1 SPE 和 HPLC 的区别和对比

	HPLC	SPE
目的	定性/定量分析	样品萃取/净化/浓缩
洗脱方式	连续洗脱	"数字式"开关洗脱
柱材料	不锈钢柱	塑料柱或玻璃柱

	HPLC	SPE
填料粒度（mm）	3～5	40～50
颗粒形状	规则球形	不规则
塔板数	20～25000	＜100
操作成本	中至高	低
设备成本	高	低
分离模式	多种	多种
压力	高压	低压
操作	可重复使用	一次性

二、固相萃取原理

SPE 的分离机制与 HPLC 基本相同，根据使用的固定相种类不同，即保留机制不同，其分离模式分为反相、正相、离子交换和混合模式。SPE 分离模式主要取决于固定相的种类和溶剂的性质。

1. 反相固相萃取

反相 SPE 采用非极性或弱极性固定相，而样品溶液或洗脱溶剂的极性比固定相极性大。反相 SPE 的保留机制是固定相中的非极性或弱极性基团与目标分子中的非极性基团之间的相互作用力，即色散力。使用最多的非极性SPE 柱就是 C18 柱。C18 柱使用的固定相为键合了十八个碳的直链烷烃官能团硅胶。常见的非极性键合硅胶固定相还包括 C8，C6，C4，C2，CH（环己基），PH（苯基）等。通常非极性的反相 SPE 柱较为适合从极性基质中萃取分离非极性及中等极性的目标化合物。对于吸附在反相固相萃取柱上的目标化合物，可以使用具有极性较小的溶剂洗脱，如氯仿、环己烷、乙酸乙酯等。只要溶剂的洗脱强度足够破坏目标化合物与固定相非极性官能团之间的范德华引力，就可以将目标化合物从 SPE 柱上洗脱下来。

2. 正相固相萃取

正相固相萃取采用极性固定相，固定相的极性比样品溶液或洗脱溶剂的极性大。正相固相萃取的机制是利用目标化合物的极性官能团与固定相表面的极性官能团相互作用，其中包括了氢键，π－π 键相互作用，偶极-偶极相互作用和偶极-诱导偶极相互作用等。极性作用力的强度比非极性作用力大，比离子作用力小。在正相萃取的时候要避免用水，水会在正相萃取材料的活性位置被牢固地吸附,使得目标化合物不能被很好地吸附。正相固相萃取适合从非极性样品溶液中萃取极性成分,一般用于有机萃取液的净化,将极性干扰组分保留在固定相上,而非极性目标组分流出用于进一步的富集或分析。在食品分析中正相萃取经常作为一种净化手段来使用,可以除去萃取液中的极性杂质。

3. 离子交换固相萃取

离子交换固相萃取是基于目标化合物与固定相之间的静电吸引力,萃取带有相反电荷的离子。离子作用力的强度在三种作用力中最强,选择性也最好。适用于从水溶液中萃取能够生成阳离子或阴离子的有机化合物,对溶液进行除盐,从样品中除去离子化的干扰物等。离子交换固相萃取使用的填料按照键合的离子基团的性质可分为阳离子和阴离子交换固定相。在离子交换固相萃取模式中特别要注意调节样品溶液的酸度,该酸度直接影响到固定相离子基团所带电荷和目标化合物所带电荷,从而影响萃取或净化效果。

4. 混合模式固相萃取

同时利用固定相上的两个或两个以上官能团的分离机制成为混合模式。例如,固定相同时包含非极性官能团和离子交换基团就可以实现反相和离子交换。这种模式利用不同的官能团通过调节 pH,可以同时除去无机离子和非极性化合物的干扰。

固相萃取中固定相的选择可参考图 2-1。

三、SPE 的优点

(1) 简单、快速和简化了样品预处理操作步骤,缩短了预处理时间。

(2) 处理过的样品易于贮藏、运输,便于实验室间进行质控。

(3) 可选择不同类型的吸附剂和有机溶剂用以处理各种不同类的有机污染物。

(4) 不出现乳化现象,提高了分离效率。

(5) 仅用少量的有机溶剂,降低了成本,减少了环境污染。

(6) 易于与其他仪器联用,实现自动化在线分析。

四、SPE 的基本模式

根据固相萃取使用的目的不同,常见的固相萃取模式主要有两种,其步骤视萃取机理及检测手段可多可少。第一种模式为目标化合物的吸附模式,又称经典固相萃取模式。该模式是通过 SPE 柱对目标化合物进行吸附,然后洗脱。第二种模式是干扰物吸附模式,也称杂质吸附模式或除杂模式。此种模

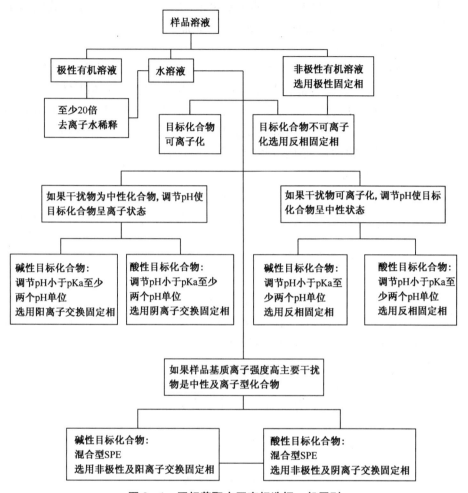

图 2-1 固相萃取中固定相选择一般原则

式中,SPE 柱对杂质进行吸附,目标化合物在 SPE 柱上不保留。对于一些基质比较复杂的样品,可将两种模式结合使用,即双柱萃取模式。

1. 目标化合物吸附模式(常用模式)

目标化合物吸附模式是固相萃取最常使用的一种模式,通常可以分为 5 个步骤。

(1) 柱的活化预处理

为了得到高回收率和良好重现性,萃取之前要用适当的溶剂淋洗小柱,以使吸附剂保持湿润,增加对目标化合物的吸附性。如果是反相填料,一般用极性有机溶剂淋洗,如甲醇或者极性弱一些的乙腈、丙酮等冲洗填料。如果是正相填料,用非极性溶剂冲洗填料,如果是离子交换填料,用去离子水或低离子强度缓冲液(0.001 mol/L～0.010 mol/L)冲洗填料。

（2）上样（过柱）

样品过柱的主要目的是要将样品中的目标化合物定量地保存在 SPE 柱上,使其与未被保留的样品基质及干扰物分离。一般是将样品溶液添加至 SPE 柱中,利用正压、负压或者重力作用,使样品通过 SPE 柱。过柱的流速一定要控制,根据需要分离的目标产物选择合适的流速。流速慢有利于目标化合物的吸附,但也增加了杂质吸附的机会,并且增加萃取的时间。

（3）固相萃取柱干燥

如果最后的洗脱剂为缓冲溶液或水溶性有机溶剂,而且分析手段为反相液相色谱,萃取柱上的残留水分对目标化合物的洗脱与分析影响不大,可以省略柱干燥步骤。但是如果使用水溶性差的有机溶剂为洗脱剂或分析手段为 GC 或 GC - MS 时,萃取柱就需要干燥。

（4）洗涤

在样品进入吸附剂、目标化合物被吸附后,用适当的洗涤剂洗掉吸附力弱的干扰化合物,而目标化合物依然保留在柱上。洗涤剂的选择取决于杂质的性质及最后的分析手段。不同的检测手段对于样品的"干净"程度的要求不同。

（5）洗脱

利用合适的溶剂将目标化合物从 SPE 柱上洗脱下来并收集,用于后续的检测。选用的洗脱剂对目标化合物要有足够的洗脱强度和选择性并尽可能与分析检测仪器相适应。同时洗脱过程中也要注意控制洗脱剂的流速。

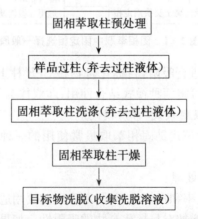

图 2 - 2　SPE 目标化合物吸附模式步骤图

2. 干扰物吸附模式(净化模式)

杂质吸附模式的目的是除去样品中的杂质,在这种萃取模式中,目标化合物仍保留在样品基质中,而杂质被 SPE 小柱保留。这种模式分为 3 个步骤。如图 2-3 所示。

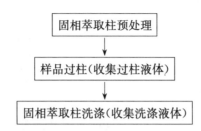

图 2-3　杂质吸附模式固相萃取步骤图

(1) 柱的活化预处理

柱的活化预处理和目标化合物吸附模式的处理方法相同。

(2) 上样(过柱)

在此模式中杂质被吸附而目标化合物没有被吸附,样品基质直接通过 SPE 柱。

(3) 洗涤

利用合适的洗涤剂将残留在 SPE 柱上的目标化合物洗涤下来。

3. 多维萃取模式

在一些基质比较复杂的样品分析如食品分析中,除了采用单一的模式,还可以将两种模式结合起来使用,达到更好的萃取分离效果。

五、固相萃取的操作模式

固相萃取中样品溶液可以通过不同的方式流过萃取小柱,可以手动进行也可以自动完成,下面主要介绍手工固相萃取的几种操作模式。

1. 重力操作模式

样品溶液倒入小柱上,不施加任何外力,只通过重力作用,流过 SPE 柱。该种方式速度比较慢,但是可以延长液体与目标化合物的作用时间,因此通常在对目标化合物洗脱时使用,可以得到较好的回收率。

2. 手工加压模式

可以通过注射器或者连接气体的橡皮管产生正压,使流体通过 SPE 柱。如图 2-4 所示。这种加压方式比重力方式速度要快,但是也难以控制液体通过 SPE 柱的流速。

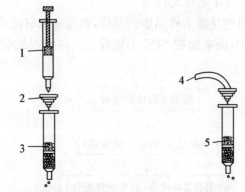

(a) 来自注射器的正压 　　(b) 来自空气或氮气气流的正压

1-注射器,2-管接口,3,5-样品溶液,4-空气或氮气入口

图 2-4　手工加压示意图

3. 负压操作模式

通过负压固相萃取装置使液体流过 SPE 柱。将固相萃取小柱连接针头与抽滤瓶橡胶塞相连抽真空,使液体流过 SPE 柱。在杂质吸附模式中,流出液可以弃去,在目标化合物吸附模式中,洗脱液接收在干净的试管中。

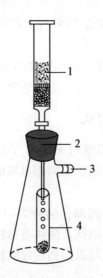

1-样品溶液,2-橡胶塞,3-接真空,4-收样试管

图 2-5　负压固相萃取示意图

4. 正压操作模式

通过正压气体固相萃取装置使液体流过 SPE 柱。该种装置配有流量调节阀可以精确地控制液体流速,提高固相萃取的重现性。

图 2 - 6　正压萃取装置

第三节　固相微萃取

常规的 SPE 虽然操作简单、价格便宜,使用的溶剂量较少,但也存在回收率偏低,样品 SPE 柱容易堵塞、只能一次性使用,不同批次的小柱萃取的重现性差,只适合沸点高于洗脱溶剂沸点的半挥发物质等不足。

固相微萃取(solid phase microextraction,SPME)技术可以克服 SPE 的上述缺点,更加适合实验室和现场样品的快速前处理,且同时具有操作简单、携带方便、环保、操作费用低廉等优点。SPME 经过 20 多年的发展,已成功地和各种仪器分析方法相结合,成为各个领域应用极为广泛的绿色样品制备技术。

一、SPME 的原理

SPME 以熔融石英光导纤维或其他材料为基体支持物,在其表面涂渍不同性质的高分子固定相薄层,通过直接或顶空方式,利用"相似相溶"的原理,目标化合物在样品基体和纤维涂层之间进行分配,对目标化合物进行提取、富集后将富集了待测物的纤维直接转移到仪器(一般是 GC,或 HPLC)中,通过一定的方式解吸附(一般是热解吸,或溶剂解吸),然后进行分离分析。

固相微萃取法(SPME)的原理与固相萃取不同,固相微萃取不是将待测物全部萃取出来,其原理是建立在待测物在固定相和水相之间达成的平衡分配基础上。

设固定相所吸附的待测物的量为 W_S,因待测物总量在萃取前后不变,固得到:

$$C_0 \cdot V_2 = C_1 \cdot V_1 + C_2 \cdot V_2 \tag{1}$$

式中,C_0 是待测物在水样中的原始浓度;C_1、C_2 分别为待测物达到平衡后在固定相和水相中的浓度;V_1、V_2 分别为固定相液膜和水样的体积。

吸附达到平衡时,待测物在固定相与水样间的分配系数 K 有如下关系:

$$K = C_1 / C_2 \tag{2}$$

平衡时固相吸附待测物的量 $W_S = C_1 \cdot V_1$,故 $C_1 = W_S / V_1$

由式(1)得:　　　　$C_2 = (C_0 \cdot V_2 - C_1 \cdot V_1) / V_2$

将 C_1、C_2 代入式(2)并整理后得:

$$K = W_S \cdot V_2 / [V_1 \cdot (C_0 \cdot V_2 - C_1 \cdot V_1)] \tag{3}$$

$$= W_S \cdot V_2 / (C_0 \cdot V_2 \cdot V_1 - C_1 V_1^2)$$

由于 $V_1 \ll V_2$，式 3 中 $C_1 \cdot V_1^2$ 可忽略，整理后得：

$$W_S = K \cdot C_0 \cdot V_1 \qquad (4)$$

由式(4)：$W_S = K \cdot C_0 \cdot V_1$，可知 W_S 与 C_0 呈线性关系，并与 K 和 V_1 呈正比。决定 K 值的主要因素是萃取头固定相的类型，因此，对某一种或某一类化合物来说选择一个特异的萃取固定相十分重要。萃取头固定液膜越厚，W_S 越大。由于萃取物全部进入色谱柱，一个微小的固定液体积即可满足分析要求。通常液膜厚度为 5~100 μm。

二、SPME 装置

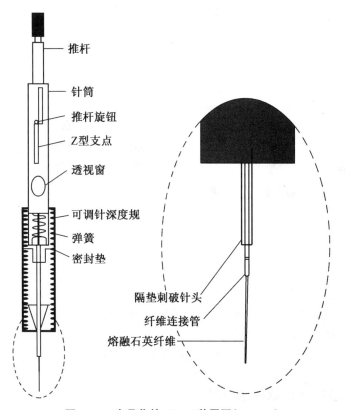

推杆

针筒

推杆旋钮

Z型支点

透视窗

可调针深度规

弹簧

密封垫

隔垫刺破针头

纤维连接管

熔融石英纤维

图 2-7　商品化的 SPME 装置图(Supelco)

商品化的 SPME 装置类似微量注射器，由手柄和萃取头(纤维头)两部分组成。萃取头是一根长约 1 cm、涂有不同固定相涂层的熔融石英纤维，石英纤维一端连接不锈钢内芯，外套细的不锈钢针管(以保护石英纤维不被折断)。手柄用于安装和固定萃取头，通过手柄的推动，萃取头可以伸出不锈钢管。

三、固相微萃取一般步骤

SPME 方法是通过萃取头上的固定相涂层对样品中的待测物进行萃取和预富集。SPME 操作主要包括三步：(1) 将涂有固定相的萃取头插入样品或位于样品上方；(2) 待测物在固定相涂层与样品间进行分配直至平衡后，将萃取头插入分析仪器(一般为气相色谱仪)的进样口；(3) 通过一定的方式解析后进行分离分析。以气相色谱为检测手段的手动固相微萃取装置操作具体步骤图 2-8。

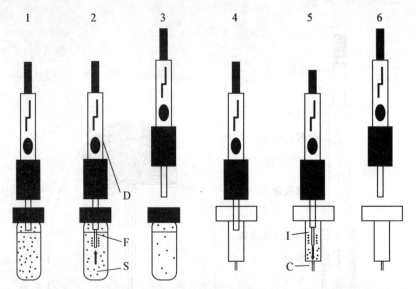

1-将进样针头插入样品小瓶；2-用推杆将萃取头推出，进入溶液(萃取过程)；3-将进样针从样品溶液中取出，并将萃取纤维拉回进样针头；4-用进样针刺穿气相色谱进样隔垫进入汽化室；5-将萃取石英纤维推出，暴露在汽化室(解析)；6-将萃取石英纤维退回进样针并把进样针拔出

图 2-8　固相微萃取实验步骤示意图

四、固相微萃取的操作模式

1. 直接萃取法

直接萃取法(如图 2-9A)中将萃取头直接伸入样品溶液，适用于气体基质或干净的水基质中。

2. 顶空萃取法

在顶空萃取模式中(如图 2-9B)，目标分析物通过空气层到达萃取头的涂层,可以保护涂层不被高分子或溶液中其他不挥发物质污染。适用于任何基质,尤其是直接SPME无法处理的脏水、油脂、血液、污泥、土壤等。

3. 膜保护法萃取

膜保护法萃取(如图2-9C)是通过一个选择性的高分子材料膜将试样与萃取头分离,以实现间接萃取,膜的作用是保护萃取头使其不被基质污染,同时提高萃取的选择性。

4. 衍生化萃取

涂层在萃取强极性或者离子型目标产物时,为了提高萃取的选择性和萃取量,通常会加入衍生化的步骤,使目标分析物转变成易于萃取的低极性物质。

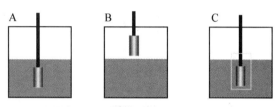

图2-9 固相微萃取操作模式

五、固相微萃取固定相形式

固相微萃取中固定相使用形式多样,具体如图2-10所示。最常用的是将固定相涂敷在融凝石英纤维上,这种方式非常适合固相微萃取和气相色谱联用技术。

六、SPME的影响因素

1. 涂层的选择

SPME萃取过程依赖于目标分析物在涂层和样品两相中的分配系数,因此萃取的选择性取决于涂层材料的特性,涂层材料是SPME技术的核心。

涂层的选择和设计可以基于色谱经验,一般来说,不同种类的分析物要选择不同性质的涂层材料,选择的基本原则是"相似相溶"。选择涂层时应注意:涂层必须对目标分子有较强的萃取富集能力,本身有合适的分子结构,有较快的扩散速度以及良好的热稳定性。同时涂层的厚度也要适宜,涂层的厚度会影响方法的灵敏度。

2. 萃取温度

萃取温度是直接影响分配系数的重要参数,升高温度会促进挥发性化合

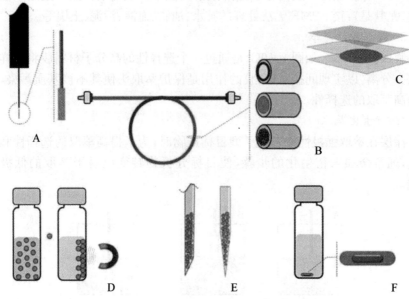

A. 纤维固相微萃取；B. 管内固相微萃取；C. 薄膜固相微萃取；
D. 磁性粒子固相微萃取；E. 管尖内固相微萃取；F. 搅拌棒固相微萃取.

图 2－10　固相微萃取固定相使用方式示意图

物到达顶空及萃取纤维表面,然而 SPME 表面吸附过程一般为放热反应,低温适合于反应进行。

3. 萃取时间

不同的待测物达到动态平衡的时间长短,取决于物质的传递速率和待测物本身的性质、萃取纤维的种类等因素。挥发性强的化合物在较短时间内即可达到分配平衡,而挥发性弱的待测物质则需要相对较长的平衡时间。

4. 搅拌时间

磁力搅拌、高速匀浆、超声波等都可以增加传质速率,提高吸附萃取速度,缩短达到平衡的时间。采取超声振动比电磁搅拌达到平衡的时间会大大缩短。

5. 盐效应

盐析手段可提高本体溶液的离子强度,使极性有机待萃物(非离子)在吸附涂层中的 K 值增加,提高萃取灵敏度。

6. 溶液 pH 值

对不同酸离解常数的有机弱酸碱选择性萃取。溶液酸度应该使待萃物呈非聚合单分子游离态,使涂层与本体溶液争夺待萃物的平衡过程极大地偏向吸附涂层。

7. 衍生化

对于酚类和脂肪酸等极性较强的化合物可以通过酯化的方法降低其极性,提高挥发性,增强被固定相吸附的能力。

8. 萃取头的选择

可选择固定液涂渍在一根熔融石英(或其他材料)细丝表面构成的萃取头,也可以选择内部涂有固定相的细管或毛细管做管内 SPME。

第四节　分散液液微萃取

分散液液微萃取(Dispersive liquid-liquid microextraction，DLLME)是 Rezaee 等于 2006 年提出的一种能够实现快速萃取富集的新型液相微萃取技术，相当于微型化的液-液萃取。DLLME 是基于分析物在小体积萃取剂和样品溶液之间分配平衡的过程，其原理是萃取剂在分散剂作用下于样品溶液中形成分散的细小液滴，形成萃取剂-分散剂-样品溶液三相乳浊液体系，从而增大了萃取剂和分析物的接触面积，使分析物在样品溶液及萃取剂之间快速达到分配平衡而完成萃取。

DLLME 的萃取过程如图 2-11 所示，它利用能溶于水的分散剂，使不溶于水的萃取剂在水样中形成较为均匀的乳浊液，再通过离心的方法使得含有目标分析物的萃取剂沉积在锥形离心管底部，最后吸取沉积在底部的萃取剂，进样测量。该方法增大了萃取剂与目标分析物之间的接触面积，使萃取能够迅速完成，操作简单快速，使用的有机溶剂非常少因而对环境友好，是一种绿色环保的食品分析样品前处理方法。

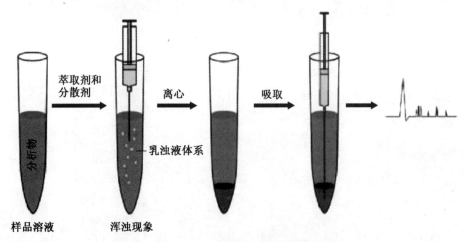

图 2-11　DLLME 过程示意图

自被报道以来，DLLME 已发展出许多操作模式，其应用也越来越广泛。近年来重要的研究成果集中于该技术在不同基质样品中的应用、在不同分析物中应用的拓展、低毒萃取剂的筛选、操作模式的创新发展以及该技术与其他样品前处理技术的联用。该方法适用的样品主要有饮用水、环境水、血液、尿液和饮料等液体样品,以及土壤、水果、蔬菜、粮食、药物和包装材料等固体样品,分析物主要包括有机污染物、农药残留、环境激素残留、药物有效成分分析等。

为了取得良好的萃取效果,需要优化分散液液微萃取的条件,影响分散液液微萃取效果的因素有:萃取剂的种类和体积、分散剂的种类和体积、样品溶液的 pH 值、样品溶液的离子强度、萃取时间、萃取方式等。

在 DLLME 过程中,萃取剂性质是影响萃取率的重要因素之一。萃取剂一般需要满足以下条件:① 对分析物溶解度高,样品溶解度低;② 不干扰目标分析物出峰;③ 萃取离心后易与样品溶液分离。传统的 DLLME,常采用卤代烃(氯苯、氯仿、四氯化碳、四氯乙烯等)作为萃取剂,但这类萃取剂一般毒性较大,有些甚至致癌。为了克服这些缺点,并拓宽 DLLME 萃取剂的选择范围,近年来,有研究者尝试采用正辛醇、十二醇等低毒或者无毒的低密度试剂作为萃取剂,产生了一类新的 DLLME 模式——低密度萃取剂分散液液微萃取(LDS‐DLLME),通过一些特殊的装置,已成功建立了多种物质的 LDS‐DLLME 分析方法。悬浮固化分散液液微萃取(DLLME‐SFO)是一类改进的 LDS‐DLLME,该技术选用密度小于水、熔点接近室温(10～30 ℃)的有机溶剂作为萃取剂,萃取完成后,悬浮于样品溶液表面的萃取剂经冰浴冷却固化后取出,室温下融化进样分析。萃取剂体积直接影响萃取率和富集倍数。增大萃取剂体积可提高萃取率,而富集倍数和灵敏度则会降低。减少萃取剂体积可提高富集倍数及灵敏度,但其萃取率会降低,重现性也可能会变差。此外,萃取剂体积需保证足够用于上机分析。因此,萃取剂体积选择的基本原则是在兼顾各方面因素的前提下尽可能减少萃取剂用量,通常选择萃取剂体积为 10～100 μL。

分散剂也是影响萃取率的另一重要因素,分散剂一般需在萃取剂和样品溶液中都具有良好的溶解性,以使萃取剂呈微小的液滴均匀分散在样品溶液中,从而增大萃取剂与分析物的接触面积,提高萃取率。常用的分散剂有甲醇、乙醇、乙腈、丙酮等。这些分散剂用量大,易挥发,对环境易造成污染。为了减少有机溶剂的使用,发展更为绿色的微萃取技术,相继出现了一些新的分散模式,比如表面活性剂辅助分散液液微萃取(SA‐DLLME)法、超声辅助乳化微萃取法(US‐AEME)、磁力搅拌辅助分散液液微萃取、空气辅助液液微萃取(AALLME)等技术。这些技术均不同程度减少了有机溶剂的用量,将是液相微萃取发展的一个重要方向。传统 DLLME 中,分散剂体积直接影响三相乳浊液体系的形成,从而影响萃取率。分散剂较少时,萃取剂分散不均匀,不能形成很好的乳浊液体系,萃取率低;分散剂过多时,分析物在样品溶液中的溶解度增大而不易被萃取,萃取率也会降低。因此,整个萃取过程需要选择合适的分散剂用量,一般分散剂体积为 0.5～1.5 mL。

对于有机弱酸或弱碱组分,样品溶液的 pH 对其萃取效率影响很大。因为改变酸碱样品溶液的 pH,可以改变酸性或碱性分析物的状态,使其处于分子或离子状态,从而影响萃取率。如对于含酸性基团的目标分析物,当样品溶液 pH<pK_a 时,目标分析物电离平衡会向中性分子方向移动,此时,分子态的分析物更容易转移到萃取剂相中。因此,pH 越低,分子化目标分析物越多,越容易萃取到萃取剂中,其萃取率越高。但 pH 过低时,盐溶效应的影响也会使其萃取率降低,因此,选择合适的样品溶液 pH 对 DLLME 操作很重要。

样品溶液的离子强度对萃取率的影响是双向的。一方面增加离子强度,盐析效应会使有机萃取剂和分析物在水相样品溶液中的溶解度降低,萃取率提高;另一方面,离子强度过强也可能引起盐离子在萃取剂中产生静电效应而阻止分析物进入萃取剂中,从而使萃取率降低。因此在 DLLME 需要优化样品中离子强度。

在 DLLME 中分散剂的作用下,萃取剂能够以细小液滴均匀分散在样品溶液中,极大增加分析物与萃取剂的接触面积,传质速度加快,在很短时间内即可达到萃取平衡,一般萃取时间均不超过 5 min。

DLLME 在食品领域中的分析物主要有农药、生物毒素、食品添加剂、环境雌激素等,分析样品包括果汁饮料、牛奶、蜂蜜、蔬菜、水果、谷物、食用油、猪肉等。食品分析面临分析物浓度低、基质干扰物多且组成复杂等问题,而传统的样品前处理方法由于操作烦琐耗时、有机溶剂用量大、灵敏度低等已不能满足现代分析化学发展的需要,因此,发展快速、高效、环境友好的新型样品制备技术显得非常有意义。分散液液微萃取技术因操作简单、灵活省时、高效精确、环境友好等特点,并通过操作模式不断地发展及与多种新型样品前处理方法的联用,在食品分析领域中展现出愈来愈广阔的应用前景。

第五节　离子液体萃取

离子液体(Ionic liquids，ILS)指在室温及邻近室温下,完全由大的有机阳离子和小的阴离子组成的呈液态的有机熔盐体系。组成离子液体的阳离子通常为有机阳离子(例如咪唑阳离子、吡啶阳离子、季铵阳离子等),而阴离子可为无机阴离子或有机阴离子(如$[PF_6]^-$、$[BF_4]^-$、$[AlCl_4]^-$、CF_3COO^-等)。

近年来,离子液体已经在萃取分离、催化、材料、生物质能源、环境、电化学、石油化工等诸多领域展现了良好的应用前景。

一、离子液体的特性

1. 可设计性

离子液体的性质可以通过阴阳离子结构的改变进行调节,是一类"可设计溶剂"。通过对离子液体的阴阳离子的设计可调节其对无机物、水、有机物、聚合物等的溶解性,精细调控离子液体与研究分子的相互作用方式及强度,实现化合物结构微小差异的分子识别。

2. 独特的理化性质

(1) 熔点低,通常在$0\sim100\ ℃$,主要受离子液体的阴、阳离子种类和结构影响;

(2) 无色、无味、饱和蒸气压极低,不易挥发;

(3) 热稳定性好,大部分离子液体能在$250\sim350\ ℃$保持稳定,不易燃,其分解温度通常在$400\ ℃$;

(4) 溶解度好,溶解范围广,可溶解多种有机、无机及高分子材料,易形成液-液两相。

这些特性使离子液体在萃取分离方面具有良好的效果,被认为是替代传统有机溶剂的一种新型绿色溶剂。

二、离子液体萃取原理

离子液体是完全由阴、阳离子组成的离子型化合物,存在着特有的微观静电场和分子环境,在结构和性质上与传统的分子溶剂存在明显区别。离子液体结构中往往同时具有疏水、不饱和键、氢键供体、氢键受体、静电等多种结构片段,因此离子液体可与溶质之间发生疏水、氢键、静电、π-π等多种相互作用,使离子液体具有传统分子溶剂不能比拟的优势。

研究结果表明离子液体与溶质分子之间存在着多重溶剂化作用。离子液体与溶质之间的氢键酸碱相互作用在离子液体的应用中起重要的作用,对于很多化合物,氢键碱性的提高往往能够提高溶解度或带来较好的分离效率。氢键网络结构的存在证明了离子液体并不是简单的完全电离的离子体系。纳米结构也是离子液体有别于传统分子溶剂的一个重要特性,也是其得以成为两亲自组装媒介的重要条件。

三、常见离子液体

由于离子液体的可设计性,其组成越来越多样化。根据离子液体发现的年代先后顺序可以将其分为三代:第一代主要是三氯化铝和卤化乙基吡啶离子液体,后来又相继出现了烷基咪唑和烷基吡啶与其他金属氯化物(如 $FeCl_3$、$InCl_3$、$GaCl_3$ 等)形成的离子液体。这类离子液体虽然存在性能优异、酸碱性可以任意调节、构成的阴离子价格低廉等优点,但是该类离子液体大多对水和空气敏感,遇水甚至在空气中易发生分解反应。第二代离子液体出现在 20 世纪 90 年代,阴离子是由四氟硼酸(BF_4^-),六氟磷酸(PF_6^-)构成,阳离子则由二烷基咪唑组成。后来又相继出现了双三氟甲烷磺酰亚胺(NTf_2^-)、三氟甲磺酸($CF_3SO_3^-$)、二氰酰胺 $[(CN)_2N^-]$ 等阴离子。这类离子液体稳定性更好,至今仍在被广泛研究。第三代离子液体被称为功能性离子液体,通过在其阴离子或阳离子的结构单元上引入氨基、氰基、醇基、羧基等官能团,使其既具有离子液体本身的性质又具有官能团的性质,在金属萃取领域受到越来越多的关注。

有的离子液体可以溶于水,而有的离子液体则不溶于水,可根据情况选择。由 Cl^-、BF_4^-、$CF_3SO_3^-$ 等阴离子组成的离子液体有疏水性,由 PF_6^- 和 $(CF_3SO_2)N^-$ 等所组成的离子液体为疏水性离子液体。

四、离子液体萃取的应用

1. 离子液体对金属离子的萃取

单独使用离子液体作萃取剂时,通常依靠离子交换机制和离子对作用实现金属离子萃取。但金属离子在离子液体中的溶解度必定非常低,有研究表明,单纯的离子液体 $[C_6mim][PF_6]$ 对 Zn^{2+} 和 Cu^{2+} 的萃取率仅为 3.5% 和 0.5%,但通过添加 NaCl 可以显著提高金属离子的萃取率。

为了克服单独离子液体使用的弊端,可选择憎水性的离子液体作有机相,再添加对金属离子有特殊作用的协萃剂(螯合剂)。一般协萃剂往往对金属离子具有螯合(或配位)作用,例如,冠醚及其衍生物、双硫腙邻羧基苄基重氮氨基偶氮苯(简称 CDAA)、1-(2-吡啶偶氮)-2-萘酚(简称 PAN)等。协萃剂的加入,大大降低了金属离子在水中的溶解度,有效提高金属物质在离子液体中的分配系数 D 值。在考虑离子液体添加螯合剂构建复合萃取剂时必须考虑离子液体、螯合剂和金属离子的匹配问题,最基本的要求是螯合剂必须只能溶解于离子液体中。

2. 离子液体对天然活性物质的提取

植物在代谢过程中会产生各类由生物途径合成的二次代谢产物,其中不少具有明显的生理活性,因而被称为生物活性物质。天然活性物质由于分子结构复杂、分子内聚能高、往往兼具多个官能团,因此在水和非极性溶剂中溶解度均十分有限;且各结构相似物间性质相近,分离纯化难度很大。离子液体因其与天然活性分子之间的 π-π、氢键、范德华力和静电力等的多重相互作用,具有良好的溶解性、极高的分离效率、优异的选择性等特点,表现出传统方法不具备的优势。离子液体的提取可以通过两方面实现。第一,离子液体通过与分子之间的作用力实现萃取;第二,某些离子液体可以溶解纤维素,而细胞壁的主要成分就是纤维素,这就使得要提取的物质穿过细胞壁得到释放,从而得到很好地分离,提高了提取效率。离子液体的萃取方式有很多,主要有液-液萃取、超高压辅助提取、双水相萃取、微波辅助萃取和超声强化萃取。

3. 离子液体萃取和其他萃取技术的结合

离子液体可以和其他萃取技术相结合,如固相微萃取、中空纤维支撑膜萃取、液-液分散微萃取、微波辅助萃取等。离子液体微萃取分离的主要流程如下:先对离子液体进行设计,然后将有机溶液放置于中空纤维内部,进行富集物质的测定和萃取分离。液相微萃取通常萃取要求萃取时间长、萃取方式萃取剂的种类多、粘度大并且不易挥发,离子液体刚好具备这些性能,因此其作用优势明显。

五、离子液体的回收

1. 常规的减压蒸馏回收

离子液体减压蒸馏法回收离子液体是目前最为常用的方法。由于离子液体的挥发性低,采用减压蒸馏可将低沸点、热稳定性好的组分除去,进而回收离子液体。此外,还可以采用分子蒸馏的方法从废液中回收离子液体。

2. 液液萃取回收离子液体

当萃取组分为难挥发、热敏性的组分时,可采用液液萃取回收离子液体。该方法通过加入与离子液体不互溶的有机溶剂(如乙醚、乙烷)或采用超临界萃取等,从而达到回收离子液体的目的。

3. 双水相技术回收离子液体

该方法通过无机盐对离子液体的盐析作用,使含水离子液体形成富含离子液体相和富含无机盐的水相,进而回收离子液体。

参考文献

[1] 戴猷元编著,液液萃取化工基础,化学工业出版社:北京,2015.

[2] 周宛平主编,曾兰萍副主编,化学分离法,北京大学出版社:北京,2011.

[3] 丁明玉主编,现代分离方法与技术,化学工业出版社,北京,2013.

[4] 卢彦芳,张福成,安静,康丽娟,蒋晔,微波辅助萃取研究应用进展,分析科学学报,2011,27(2),246-252.

[5] 刘娜女,超声波萃取技术在农业科学中的应用研究进展,农产品加工(学刊),2014,10,77-78.

[6] 丁明玉主编,尹洧,何洪巨,李玉珍副主编.分析样品前处理技术与应用[M].清华大学出版社:北京,2017.

[7] Somenath Mitra 著.孟品佳,廉洁主译.分析化学中的样品制备技术[M].中国人民公安大学出版社:北京,2015.

[8] 陈晓华,汪群杰编著.固相萃取技术与应用[M].科学出版社:北京,2010.

[9] H. Kataoka, H L. Lord, J. Pawliszyn. Applications of solid-phase microextraction in food analysis. J. Chromatogr. A, 2000, 880, 35-62.

[10] S. Ulrich. Solid-phase microextraction in biomedical analysis. J. Chromatogr. A. 2000, 902, 167-194.

[11] 宝贵荣,成喜峰,领小等.固相微萃取技术模式的研究进展[J].应用化工,2015,44(11):2097-2099+2106.

[12] É. A. Souza-Silva, R. Jiang, A. Rodríguez-Lafuente, et al. /Trend. Anal. Chem. 2015, 71, 224-235.

[13] 吴采樱等编著.固相微萃取[M].化学工业出版社:北京,2012.

[14] 曹江平,解启龙,周继梅,易宗慧.分散液液微萃取技术在食品分析中的应用进展[J].分析测试学报,2015,34(5):616-624.

[15] 刘青山,赵丽薇.离子液体萃取金属离子的研究进展[J].沈阳农业大学学报,2018,49(4):498-512.

[16] 刘梦莹,车佳宁,吴蔚冈,卢运祥,彭昌军,刘洪来,卢浩,杨强,汪华林.功能性离子液体萃取水溶液中 Cu^{2+}:实验与理论[J].化学学报,2015,73(2):116-125.

[17] 冯靖,彭效明,李翠清,王腾,居瑞军,汤晨洋,邱晓.离子液体在提取天然产物活性物质中的应用[J].应用化工:1-9[2019-02-25].https://doi.org/10.16581/j.cnki.issn1671-3206.20190125.032.

[18] 张社利,许文静.离子液体萃取技术在样品前处理中的应用研究[J].化学试剂,2012,34(06):519-522+544.

第三章　食品快速检测技术

第一节　胶体金免疫层析试纸条技术介绍

胶体金免疫层析试纸条是八十年代初发展起来，以胶体金作为示踪标志物应用于抗原抗体的快速免疫分析技术。胶体金颗粒表面的负电荷与蛋白质等高分子的正电荷基团可以通过静电吸附而牢固结合。

胶体金也称金溶胶，是由金离子被还原剂还原后形成的胶态纳米金悬液。胶体金颗粒由一个基础金核和包围在外的双离子层构成，紧连在金核表面的是内层负离子（$AuCl_2^-$），外层双层正离子层 H^+ 则分散在胶体溶液中，以维持胶体金游离于溶胶间的悬液状态，如图 3-1 所示。金颗粒直径多在 1～100 nm，呈红色，在溶液中呈稳定、均匀的单一分散状态。

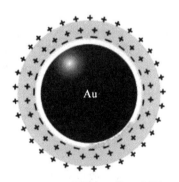

图 3-1　胶体金颗粒示意图

胶体金免疫层析试纸条技术在食品安全快速检测中应用十分广泛，如工商部门现场监测执法，企业对采购的原料进行现场检测并确定是否接收，或对生产过程中的质量控制等。免疫层析试纸条作为大量样品现场快速初筛的方法，有着独特的优势。一般对于免疫层析试纸条法筛选出的阳性结果，后继需要用 HPLC 等理化方法进一步地确认和定量。

一、胶体金免疫层析试纸条结构

胶体金免疫层析试纸条是由样品垫、胶体金垫、硝酸纤维素膜（NC 膜）、吸水垫和 PVC 粘性底板等 5 部分组成，如图 3-2 所示。

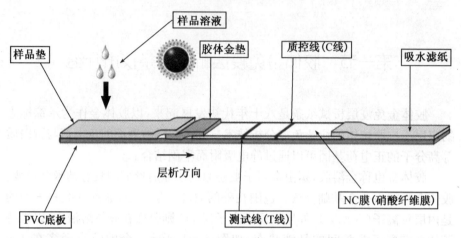

图 3-2　胶体金免疫层析试纸条结构示意图

1. **样品垫**

样品垫一般有玻璃纤维、聚酯膜、纤维素滤纸、无纺布等多种材质、多种规格。样品垫的主要作用是可以减缓样品渗透速度，有利于样品在结合垫上均匀分布，去除样品中颗粒杂质，调节样品液 pH 或粘度等。样品垫可使用化学物质进行浸渍处理，从而减少样品差异，提高试验的灵敏度。通常可以将洗涤剂、粘度增强剂、阻滞剂及盐渗入样品垫然后加以干燥，该工艺可避免使用复杂缓冲剂，使检测一步完成。

2. **胶体金结合垫**

胶体金结合垫和样品垫一样，一般也有玻璃纤维、聚酯膜、纤维素滤纸、无纺布等多种材质，多种规格。结合垫的主要作用是吸附一定量的金标抗体，保持金标抗体的稳定性，并保证金标抗体定量完成释放。

3. **硝酸纤维素膜（NC 膜）**

硝酸纤维素膜一般使用 Millipore，MDI，S&S，Whatman 等国外公司的品牌。NC 膜的作用是在检测线和质控线条带区域固定抗体，金标抗体和样品在 NC 膜上流动并与试剂混合发生免疫反应，反应在 NC 膜上显色，判断检测结果。NC 膜的孔径、对称性、层析速度、表面活性剂、蛋白结合力、强度、表面质量、厚度、批间均一性等参数对检测结果影响很大。一般层析速度越快，金标样品和包被在检测线上的抗体或抗原的反应时间也就越短,灵敏度会随之降低。反之,层析速度越慢,反应时间越长,发生非特异性结合的可能性也就越大,也会降低灵敏度。因此,要选择合适层析速度的 NC 膜来控制免疫反应的时间对于提高反应的灵敏度非常重要。

4. 吸收垫

吸收垫一般是提供高吸收率、高容量以及相对稳定吸收率的吸收纸。吸收垫的作用主要表现在控制样品的流速,促进虹吸作用以实现试剂的流动。

5. PVC 粘性底板

底板一般是不干胶塑料衬底,其质量在很大程度上影响了产品的使用有效期。

二、胶体金免疫层析试纸条检测原理

免疫层析试纸条是借助毛细作用,使样品在条状纤维制成的 NC 膜上泳动,其中的待测物与固定在膜上一定区域内的抗体相结合,通过胶体金显色,短时间(5~15 min)内便可得到直观的结果。结合标记物与自由标记物通过免疫层析作用,实现自动分离,省去了烦琐的加样、洗涤等步骤,因而操作简单、快速,操作人员无须专业培训,且不需或仅需简单的仪器。

胶体金免疫层析试纸条按照其检测原理可以分为双抗夹心免疫层析法和竞争免疫层析法。在食品安全检测当中,检测的对象都是些小分子化合物,其与抗体的结合位点较为单一。因此,一般采用竞争免疫层析法的原理来检测。

1. 竞争免疫层析法原理

将金标抗体吸附于结合垫上,抗原偶联物喷涂于 T 线,抗金标抗体喷涂于 C 线。待测样品滴加到样品垫上,通过毛细管作用,样品液迅速通过结合垫,使其上的金标抗体溶解,并带动金标抗体一起向前泳动。当金标抗体和样品液到达 T 线时,如样品液中含有待测抗原较多,则与 T 线处包被的抗原竞争结合金标抗体上的抗原结合位点,T 线上捕获的金标抗体较少,不显色,C线显色,为阳性结果。如样品液含有的待测抗原较少,则 T 线上捕获到的金标抗体较多,显示红色条带,C 线亦显色,为阴性结果,如果质控线 C 线无色,说明试纸条无效。

2. 操作步骤

(1) 取待检样品,若样品比较混浊时,可 3000 rpm 离心 5 min 后过滤。
(注:点样前,应待样品温度恢复至室温即 20~25 ℃后,方可进行检测!)

(2) 取出空白微孔,使用滴管或移液器吸取待检样品清液,加入 6~7 滴或 250 μL 于空白微孔中。

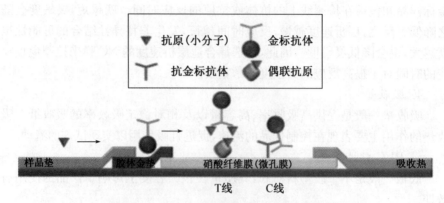

图 3-3 胶体金免疫层析试纸条竞争法原理

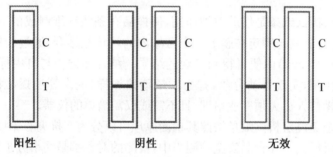

图 3-4 竞争免疫层析法的结果判断图

（3）取出所需量的试纸条,将试纸条有蓝色膜条的一端向下插入微孔中,反应 5~15 min。或直接将待测样品滴加到样品垫上。

（注:取出试纸条后,立即将袋子封口,以防受潮。）

（4）从微孔中取出试纸条,判定结果。

3. 结果判定

检测结果可由金标阅读仪根据内置的标准曲线计算结果,也可由肉眼直接判定。

阴性:C 线显色,T 线肉眼可见,无论颜色深浅均判为阴性。

阳性:C 线显色,T 线不显色,判为阳性。

无效:C 线不显色,无论 T 线是否显色,该试纸条均判为无效。

第二节 酶联免疫检测技术

ELISA 是酶联免疫吸附剂测定（Enzyme-Linked Immunosorbnent Assay)的简称,它是继放射免疫和荧光免疫技术之后发展起来的一种酶免疫技术。此项技术自 70 年代初问世以来,发展十分迅速,目前已被广泛用于食品安全检测、生物学和医学等众多领域。

一、ELISA 原理

ELISA 是以免疫学反应为基础,将抗原、抗体的特异性反应与酶对底物的高效催化作用相结合起来的一种敏感性很高的试验技术。由于抗原、抗体的反应在一种固相载体——聚苯乙烯微量滴定板的孔中进行,每加入一种试剂孵育后,可通过洗涤除去多余的游离反应物,从而保证试验结果的特异性与稳定性。在实际应用中,通过不同的设计,具体的方法步骤可有多种,即:用于检测抗体的间接法、用于检测抗原的双抗体夹心法以及用于检测小分子抗原或半抗原的竞争法等。在食品安全检测中比较常用的是竞争法,原理示意图如图 3－5 所示。

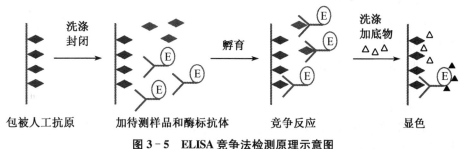

洗涤　　　　　　　　　　孵育　　　　　　　　　洗涤
封闭　　　　　　　　　　　　　　　　　　　　　加底物

包被人工抗原　　　加待测样品和酶标抗体　　　竞争反应　　　　　　显色

图 3－5　ELISA 竞争法检测原理示意图

二、ELISA 操作步骤

1. 包被

用 0.05M pH＝9.6 碳酸盐包被缓冲液将小分子人工抗原稀释至含量为 1～10 μg/mL。在每个聚苯乙烯板的反应孔中加 100 μL,4 ℃过夜。次日,弃去孔内溶液,用洗涤缓冲液洗 3 次,每次 3 分钟。(简称洗涤,下同)。

2. 封闭

每孔中加入 100 μL 10 mg/mL BSA(牛血清白蛋白)于上述已包被的反应

孔中,置室温孵育 1 小时。然后洗涤。

3. 加样

加不同浓度的标准品或处理后的待检样品和酶标抗体各 50 μL 于上述已包被的反应孔中,置室温孵育 0.5 小时。然后洗涤。

4. 加底物液显色

于各反应孔中加入临时配制的底物显色溶液(TMB 和 H_2O_2)100 μL,室温 10～30 分钟。

5. 终止反应

于各反应孔中加入 2M 硫酸 50 μL。

6. 结果判定

可于白色背景上,直接用肉眼观察结果:反应孔内颜色越深,说明待测物含量越低,阳性结果为无色或极浅,依据所呈颜色的深浅,以"＋"、"－"号表示。也可测 OD 值:在 ELISA 检测仪上,于 450 nm 处测各孔 OD 值,根据标准曲线计算各孔含量。

四、ELISA 技术要求

在 ELISA 中,进行各项实验条件的选择是很重要的,主要包括以下几个方面。

1. 固相载体的选择

许多物质可作为固相载体,如聚氯乙烯、聚苯乙烯、聚丙酰胺和纤维素等。其形式可以是凹孔平板、试管、珠粒等。目前常用的是 96 孔聚苯乙烯凹孔板。不管何种载体,在使用前均可进行筛选:用等量抗原包被,在同一实验条件下进行反应,观察其显色反应是否均一性,据此判断其吸附性能是否良好。

2. 封闭剂的选择

封闭是继包被之后用高浓度的无关蛋白质溶液再包被的过程。抗原或抗体包被时所用的浓度较低,吸附后固相载体表面尚有未被占据的结合位点,封闭就是让大量不相关的蛋白质充填这些位点,从而避免 ELISA 后续的步骤中抗原或抗体等的吸附。最常用的封闭剂是 1％的牛血清白蛋白,也有用 1％～5％的脱脂奶粉或 1％的明胶作为封闭剂。

3. 包被抗体(或抗原)的选择

将抗体(或抗原)吸附在固相载体表面时,要求纯度要好,吸附时一般 pH 在 9.0～9.6 之间。吸附温度、时间及其蛋白量也有一定影响,一般多采用 4 ℃ 18～24 小时。蛋白质包被的最适浓度需进行筛选,即用不同的蛋白质浓度(0.1、1.0 和 10 μg/mL 等)进行包被后,在其他试验条件相同时,测定结果

OD 值。选择 OD 值最大而蛋白量最少的浓度。对于多数蛋白质来说通常为 1~10 μg/mL。

4. 酶标记抗体工作浓度的选择

首先用直接 ELISA 法进行初步效价的筛选。然后再固定其他条件或采取"方阵法"(包被物、待检样品的参考品及酶标记抗体分别为不同的稀释度)在正式实验系统里准确地滴定其工作浓度。

5. 酶的选择

用于 ELISA 的酶要求纯度高,催化反应的转化率高,专一性强,性质稳定,来源丰富,价格不贵,制备成酶结合物后仍继续保留它的活性部分和催化能力。最好在受检样本中不存在相同的酶。另外,它相应的底物也应易于制备和保存,价格低廉,有色产物易于测定。在 ELISA 中常用的酶为辣根过氧化物酶(HRP)和碱性磷酸酶(AP)。

6. 酶的底物及供氢体的选择

对供氢体的选择要求是价廉、安全、有明显的显色反应,而本身无色。有些供氢体(如 OPD 等)有潜在的致癌作用,应注意防护。有条件者应使用不致癌、灵敏度高的供氢体,如 TMB 和 ABTS 是目前较为满意的供氢体。TMB 经 HRP 作用后共产物显蓝色,目视对比鲜明。TMB 性质较稳定,可配成溶液试剂,只需与 H_2O_2 溶液混合后即成应用液,可直接作底物使用。另外,TMB 无致癌性,在 ELISA 应用广泛。底物作用一段时间后,应加入强酸或强碱以终止反应。通常底物作用时间以 10~30 分钟为宜。底物使用液必须新鲜配制,尤其是 H_2O_2 在临用前加入。

HRP 对氢受体的专一性很高,仅作用于 H_2O_2,小分子醇的过氧化物和尿素过氧化物。H_2O_2 应用最多,但尿素过氧化物为固体,作为试剂较 H_2O_2 方便、稳定。试剂盒供应尿素过氧化物,用蒸馏水溶解后,在底物缓冲液中密闭、低温(2~8 ℃)可稳定 1 年。

第三节 可视化微阵列芯片检测技术

生物芯片技术是 20 世纪 90 年代初发展起来的一种高通量、大规模并行性分析检测技术。它是利用分子间特异相互作用的原理,将多种技术如分子生物技术、免疫学、微加工技术、计算机等融为一体的一项分析检测技术。与传统分析检测方法不同的是,它形成的微阵列使生化分析反应过程高度集成于某一载体之上,高通量地分析检测成百上千种 DNA、RNA、多肽、蛋白质等分子。目前常见的生物芯片有:基因芯片、蛋白芯片、糖芯片以及其他小分子生物芯片。

蛋白芯片技术是近年来蛋白质组学研究中兴起的一种新方法,它是在基因芯片的基础上发展起来的。蛋白芯片技术主要采用微阵列点样等方法将大量生物大分子如抗原或抗体等样品有序地固定在玻片、硅胶片、膜、多孔板等支持物的表面,组成密集的二维分子阵列,然后与已标记的待测生物样品中的靶分子实现特异性反应,反应结果用化学发光法、荧光法、酶催化底物显色法、同位素法等方法显示,最后通过特定的仪器对信号的强度进行快速、并行、高效地检测分析,判断样品中靶分子的含量,从而达到分析检测的目的。

一、生物芯片基底材料

生物芯片的制备质量与基底材料的选择有着重要关系。载体材料须符合以下要求:(1) 表面具有可与生物分子进行化学反应的活性基团;(2) 应具有足够的稳定性和均一性;(3) 单位载体上生物分子有一定的固定量;(4) 具有良好的生物兼容性,不改变固定后生物分子的活性。

常用于制备生物芯片的基底材料有三类,分别是:(1) 二维支撑材料,如玻片、硅片和金膜;(2) 三维多孔材料,如多孔硅、聚丙烯酰胺、水凝胶、琼脂糖凝胶等;(3) 高分子材料,如聚二甲硅氧烷(PDMS)。在以上基底材料中,玻片由于其具有的化学惰性、背景荧光低及表面稳定而得到广泛应用。近年来,高分子材料由于其具有材料组分丰富、易加工等优点,也越来越受到关注。

二、微阵列生物芯片的制备

微阵列生物芯片是在硅片、玻璃、凝胶或尼龙膜等基体上,通过芯片点样仪自动点样或采用光引导化学合成技术固定的生物分子微阵列。生物芯片根据分子间特异性相互作用的原理,将生命科学领域中许多个独立平行的分析过程平行集成于芯片表面,以实现对核酸、蛋白质等多靶标生物分子的准确、快速、高通量地平行化检测。在基片上进行高密度地微阵列制备是微阵列芯片的关键技术,发展非常迅速,相继出现了原位合成、预合成后点样等两类主要的制备技术。

1. 原位合成法

原位合成方法的原理是利用点样系统将探针的合成部分逐步转移到基体上,同时实现探针合成和转移的目的。原位合成有光刻合成法和原位喷印合成法两种方法。其合成探针的原理不同,前者是将探针的不同片段用化学合成的方式连接在一起,而后者用来合成探针的原料则是 A、T、C、G 四种碱基。该类方法主要用于制作寡核苷酸点阵芯片,采用了多项先进的技术和工艺,例如:利用组合化学的原理安排各寡核苷酸位点,使制成的芯片在反应后较容易地完成寻址。用表面化学的方法处理其衍生化基质表面,使核苷酸能固定在上面,并耐受合成循环中某些试剂的侵蚀。用光导向平版印刷技术,使芯片表面可用屏蔽物选择性地让不同位点受到光照的保护,从而可定点合成寡核苷酸中的各个碱基。

2. 点样法

预合成后点样是指制备微阵列芯片前,先将待固定的探针合成好,点样系统需要做的就是把这些合成好的样品涂印或喷涂在基片上。该类方法适合于多种生物样品,如多肽、蛋白、寡核苷酸、基因组等,用配备有微量液体分配器工作头的机器人系统,生物芯片点样仪可完成微阵列的制备。根据点样时点样头和芯片接触与否可分为接触式和非接触式两类。接触式点样头有毛细管和钢针两种,钢针是目前采用最多的一种点样头。接触式点样常用的基片是玻璃片。非接触式点样主要指预合成后微泵喷涂点样。

以接触式点样为例,点样方法的工作原理是基于毛细作用。钢针和毛细管的工作头尖部很小,直径在 $100 \sim 200 \ \mu m$ 之间,往往在针尖开有宽度为 $30 \sim 180 \ \mu m$ 的狭缝,储样量较大,一次吸样可连续点滴几百甚至几千点。当工作头伸入有探针样品的孔板中时,因尖部结构微小尺寸产生的毛细作用会使得探针样品被吸到针尖或狭缝内。在表面张力的作用下,样品会分布在针尖端面、侧面和狭缝内。当携带有样品的针尖与待点样样本接触时,钢针的缝隙一次可以吸取较多样品,这样就可以在一次吸样后在同一块载玻片和多块载玻片上进行多次点样。图 3-6 是点样式生物芯片制备过程中的主要过程的示意图。

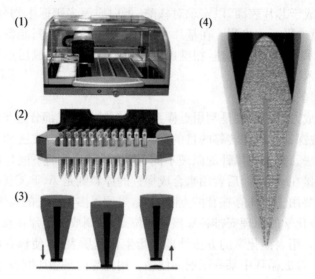

（1）生物芯片制备系统；（2）多通道点样针座；
（3）接触式点样过程示意图；（4）点样针实物图

图 3-6　点样式生物芯片制备过程中的关键技术

三、生物芯片图像获取及数据分析

　　生物芯片的图像获取及数据分析是指实现生物芯片上的大量点阵的信息阅读，并转化成可供计算机处理的数据。生物芯片点阵上的核酸或者蛋白质经过与目标 DNA、目标抗原、抗体或者受体等目标靶分子结合后，产生信号。目前，生物芯片一般采用荧光物质进行标记。除此之外，也可以采用化学发光物质或者纳米材料进行标记。常见的生物芯片扫描仪有激光共聚焦扫描仪和CCD 扫描仪等。图 3-7 为常见的生物芯片扫描仪及扫描图像。

四、生物芯片检测方法

　　生物芯片检测技术可以分为两类，即有标记检测和无标记检测。两类检测技术都包含了关键检测参数，如检测限（limit of detection，LOD）、灵敏度、动态范围、多靶标容量、高通量和特异性等。

1. 有标记检测

　　有标记检测一般基于荧光探针、化学发光标记的探针或者纳米材料标记探针进行检测。将探针材料标记在 DNA 或者蛋白质分子上，通过芯片分析仪对生物芯片进行扫描成像、分析检测。在扫描过程中，扫描仪检测并记录生

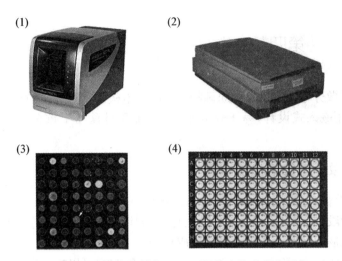

（1）生物芯片荧光扫描仪；（2）可视化生物芯片分析仪；
（3）生物芯片荧光图像；（4）可视化生物芯片扫描图像
图 3-7　生物芯片扫描设备及扫描图像

物芯片上各阵列点的信号强度。

2. 无标记检测

尽管有标记检测方法具有其优点，但是仍存在成本高、时间长、通量低以及对生物分子有干扰等缺点。无标记技术可利用生物分子自身的质量、介电性质和光学性质等特性进行检测。表面等离子共振（Surface plasmon resonance，SPR）是指当一束平面单色偏振光以一定角度入射镀在玻璃表面的薄层金属膜上发生全反射时，若入射光的波向量与金属膜内表面电子的振荡频率一致，光线即被耦合入金属膜引发电子共振，即表面等离子共振。由于共振的产生，会使反射光的强度在某一特定的角度大大减弱，反射光消失的角度称为共振角。共振角的大小随金属表面折射率的变化而变化，而折射率的变化又与金属表面结合物的分子质量成正比。在该技术中，待测生物分子被固定在生物传感芯片上，另一种被测分子的溶液流过表面，若二者发生相互作用，会使芯片表面的折射率发生变化，从而导致共振角的改变。

第四节　微分电位溶出法快检技术

利用微分电位溶出法的原理和丝网印刷电极技术可以研制重金属快速检测仪,采用嵌入式设计,易于仪器小型化,实现对食品中重金属的现场快速检测。

一、微分电位溶出法原理

电位溶出分析法(potentiometric stripping analysis, PSA)分为富集和溶出两个阶段,在溶出阶段溶液中的氧化剂(如溶解氧或 Hg^{2+} 等)的氧化作用,将工作电极表面的汞齐化金属氧化成离子进入溶液,工作电极上的电位随时间的变化而变化,形成 $E\text{-}t$ 曲线。根据能斯特方程可以推导出:

$$E=E^0+\frac{RT}{nF}\ln\left[\frac{2l}{(nD)^{\frac{1}{2}}}\right]+\frac{RT}{nF}\ln\left[\frac{t^{\frac{1}{2}}}{\tau-t}\right] \tag{1}$$

其中,l 为汞膜的厚度;D 为金属在汞膜的扩散系数;t 为时间;τ 为被测金属离子溶出所经历的时间。

微分电位溶出法是通过记录 $(\mathrm{d}t/\mathrm{d}E)\text{-}E$ 曲线进行定性定量分析:

$$\frac{\mathrm{d}E}{\mathrm{d}t}=\frac{RT}{nF}\cdot\left[\frac{\tau+t}{2t(\tau-t)}\right]=\frac{RT}{2nF}\cdot\frac{\tau+t}{t(\tau-t)} \tag{2}$$

取倒数:

$$\frac{\mathrm{d}t}{\mathrm{d}E}=\frac{2nF}{RT}\cdot\frac{t(\tau-t)}{\tau+t} \tag{3}$$

当 $t\approx\tau/2$ 时,即在待测金属的半波电位上,$\frac{\mathrm{d}t}{\mathrm{d}E}$ 有极大值。

$$\left(\frac{\mathrm{d}t}{\mathrm{d}E}\right)_{\max}\approx\frac{\tau}{3}\cdot\frac{nF}{RT} \tag{4}$$

金属离子浓度与 τ 的关系:

$$\tau=\frac{C_{RS}}{C_{OX}}\cdot\left(\frac{D_R}{D_{OX}}\right)^{\frac{2}{3}}\cdot t_d \tag{5}$$

$$C_{RS}=\left(\frac{\mathrm{d}t}{\mathrm{d}E}\right)_{\max}\cdot\frac{3RT}{nF}\cdot C_{OX}\cdot\left(\frac{D_R}{D_{OX}}\right)^{-\frac{2}{3}}\cdot t_d^{-1} \tag{6}$$

其他条件一致下,$\frac{3RT}{nF}\cdot C_{OX}\cdot\left(\frac{D_R}{D_{OX}}\right)^{-\frac{2}{3}}\cdot t_d^{-1}$ 是个常数,被测金属浓度 C_{RS} 与 $\left(\frac{\mathrm{d}t}{\mathrm{d}E}\right)_{\max}$ 相关。

与常规电位溶出法相比,微分电位溶出法$(dt/dE) - E$曲线呈峰形,能有效增加信噪比,提高灵敏度。峰电位是定性分析的依据,峰高与待测物质浓度成正比,是定量分析依据。

二、丝网印刷电极技术

丝网印刷技术是一种历史悠久的传统实用技术,随着微电子技术的发展,丝网印刷已成为电子产品应用领域中最常用的印刷方法。丝网印刷电极是将丝网印刷技术与电极相结合制成的一次性电极,它的厚度在几微米至 100 微米之间,又被称为厚膜电极。丝网印刷电极将原始工作电极、参比电极、辅助电极这三种电极整合在一起,具有制作成本低、响应速度快、重复性好、样品用量少以及制作自动化等优点,因此已成功商业化。

丝网印刷的基本原理是:丝网印版的部分网孔能够透过油墨,漏印至承印物上;而其余部分的网孔堵死,不能透过油墨,在承印物上形成空白。现代一般用光化学制版法,该法是将丝网绷紧在网框上,然后在网上涂布感光胶,形成感光版膜,再将阳图(菲林)底板密合在版膜上晒版,经曝光、显影,印版上不需过墨的部分受光形成固化版膜,将网孔封住,印刷时不透墨;印版上需要过墨的部分的网孔不封闭,印刷时油墨透过,在承印物上形成墨迹。用丝网印刷技术制备一次性电极,主要优点包括:(1)可以在物体表面印刷各种图案,设计十分灵活;(2)印刷过程易实现自动化;(3)重现性好;(4)适用于各种材质;(5)成本低廉。

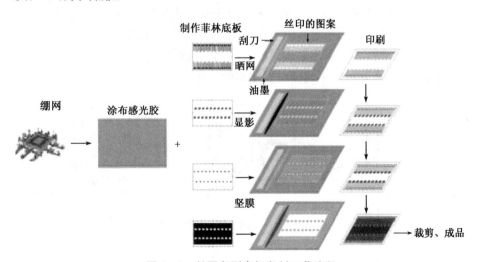

图 3-8　丝网印刷电极印制工艺流程

丝网印刷电极基质必须是电惰性的,并且符合价格低廉、容易加工的要求,常用的有高分子材料如聚氯乙烯(PVC)、聚对苯二甲酸乙二醇酯(PET)、聚碳酸酯(PC)等软性材质和陶瓷、玻璃等硬性材质。在早期,丝网印刷电极多采用硬性材质作为基底,但硬性材质与如今的电子设备兼容性不好,现在多采用软性材质作为基底。

在基质板材表面上所使用的印刷油墨主要由色料、连接料和油墨助剂组成。丝网印刷电极所用的色料有石墨粉、金粉、银粉等,还包括电子媒介体以及导电材料等功能性色料。连接料主要起连接作用,主要有有机溶剂、树脂、油和辅助材料等。助剂有稀释剂、消泡剂、分散剂、减粘剂和防干剂等。按照印刷油墨是否导电可分为导电油墨和绝缘油墨两类。绝缘油墨是用于印制传感器的绝缘层,而导电油墨则是用于印制传感器的导电条和电极。目前用到的丝网印刷油墨有碳油墨、银油墨、绝缘油墨等。

丝网印刷电极的集成工作电极和对电极为碳材料印制,参比电极为银-氯化银材料印制;丝网印刷电极的基片为长条形白色不透明 PET 膜;电极之间的绝缘是通过压制一层预制的 PET 膜或印制绝缘油墨形成绝缘层。绝缘层留出电极部分形成微型电解池,用于滴加试样到电极上。

如图 3-9 所示,丝网印刷电极基片 301 选用白色 PET 膜,为长条形,厚度大于 0.15 mm,电极接头 302 是插进插槽 105(图 3-10)连接恒电位模块 203(图 3-11)。工作电极 303 和对电极 304 用导电碳油墨印制;参比电极 305 为银-氯化银导电油墨印制。蓝(绿)色 PET 膜 306 一面涂有胶预先经冲裁出异型孔 307,在电极上压制 PET 膜 306 形成绝缘层,对应异型孔 307 则是三电极 303、304 和 305 形成电解池腔,检测试样时就是将试样滴加至电解池腔。工作电极 303 所用的碳材料不同,会导致其化学性能的不同,对于不同重金属检测,需要对应不同碳材料印制的工作电极。

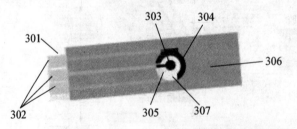

301 白色PET膜
302 电极接头
303 工作电极
304 对电极
305 参比电极
306 绝缘层
307 (电解)异形孔膜

图 3-9 丝网印刷电极结构图

三、便携式重金属快速检测仪结构和使用

如图 3-10 所示,便携式重金属快速检测仪包括壳体 101,壳体 101 正面上部有液晶屏 102,下部为按键 103,壳体 101 背面下部电池盒 104,内置充电电池,壳体 101 侧面上端有丝网印刷电极的插槽 105,壳体 101 侧面下端分别设有电源插口 106 和通讯口 107,壳体 101 内置工作主板 108。通过模块化设计的检测仪,其工作过程主要分为数据采集、数据分析处理和结果输出等部分,其中数据采集通过读取丝网印刷电极上的电位信号来解决,数据的分析处理主要通过工作主板实现,处理结果的输出则通过显示屏完成。将检测不同重金属对应的丝网印刷电极,插入检测仪壳体的插槽,完成铅、镉、铜等多种重金属的痕量检测,作为一种重金属的独立的检测系统,实现数据的分析、输出和存储,也可以通过通讯口将数据传输到计算机等供存储和分析。

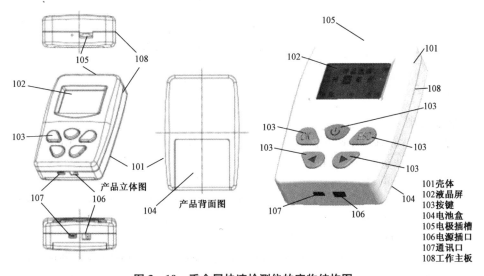

图 3-10　重金属快速检测仪的实物结构图

模块化设计主要体现在核心部件工作主板上,包括控制单元、D/A 和 A/D 模块、恒电位模块、按键区及电源模块等。采集数据完成后会自动生成 dt/dE 的微分数据,这样在采集过程中完成数据的微分化处理,节省采集后数据计算分析的工作量,如图 3-11。

微分电位溶出法同阳极溶出法相比,由于在溶出阶段是化学氧化过程—形成电位溶出信号,而非阳极溶出法的电化学氧化过程—形成电流溶出信号,对于数据采集电路,相比电流信号,电位溶出信号抗干扰能力更强,因而结构

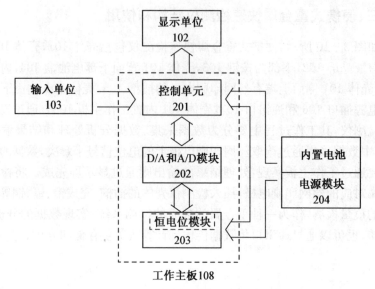

图 3-11 重金属检测仪的模块框架图

简单,耗电更少,体积更小,便于携带,更适合现场检测。

参考文献

[1] Duan Yaping, Luo Jiaoyang, Liu Congmin. Rapid identification of triptolide in Tripterygium wilfordii products by gold immunochromatographic assay[J]. Journal of Pharmaceutical and Biomedical Analysis, 2019, 168: 102-112.

[2] Ji Fang, Mokoena Mduduzi P., Zhao Hongyan. Development of an immunochromatographic strip test for the rapid detection of zearalenone in wheat from Jiangsu province, China [J]. PLOS ONE, 2017, 12(5): e175282.

[3] Jiang Wei, Zeng Lu, Liu Liqiang. Immunochromatographic strip for rapid detection of phenylethanolamine A [J]. Food and Agricultural Immunology, 2018, 29 (1): 182-192.

[4] Liu Namei, Xing Keyu, Wang Chun. Matrix effect of five kinds of meat on colloidal gold immunochromatographic assay for sulfamethazine detection [J]. Analytical Methods, 2018, (10): 4505-4510.

[5] 郭健,张念英,张璐璐. 胶体金免疫层析快速定量检测粮食中镉残留[J]. 食品科技, 2018,43(11):354-357.

[6] 栗慧,金艳丹,张岩蔚. 四环素胶体金免疫检测技术的研究[J]. 食品研究与开发,2018, 39(3):146-150.

[7] 王士峰,姚添淇,冯荣虎. 胶体金免疫层析法快速检测配方羊奶粉中的牛 β-乳球蛋白

［J］.食品工业科技,2018,39(15):60-64.

［8］白宇,张井,胡景炎.牛奶中雌二醇胶体金试纸条快速检测技术研究［J］.中国畜牧兽医,2017,44(11):3351-3357.

［9］龚航,刘贝贝,李盼.基于三唑磷残留限量值的多检测线免疫试纸条的制备与应用［J］.分析化学,2018,46(06):938-946.

［10］巩月红,段新宇,王建华.建立雌酮硫酸钠胶体金免疫层析快速限量检测方法［J］.药物分析杂志,2019,39(02):352-360.

［11］韩姣姣,胡莉明,易扬.氟苯尼考胶体金免疫层析定量检测方法的建立［J］.分析化学,2017,45(08):1188-1194.

［12］兰马,王淑娟,曾海娟.侧流层析技术研究进展［J］.食品科学,2018,39(15):333-342.

［13］刘冰,王玲玲,童贝.沙丁胺醇免疫层析试纸条的应用研究［J］.食品研究与开发,2016,37(18):124-128.

［14］莎李,白瑞樱,曾道平.胶体金免疫层析试纸条在猪尿β-兴奋剂多残留检测中的应用［J］.食品工业科技,2016,37(20):53-58.

［15］许胜男,余琼卫,袁必锋.磁固相萃取与胶体金免疫层析试纸条联用检测食品中氯霉素［J］.分析科学学报,2016,32(04):471-474.

［16］宗婧婧,张小军,严忠雍.胶体金免疫层析法检测水产品中15种喹诺酮类药物［J］.理化检验.化学分册,2018,54(5):591-595.

［17］An Lingling, Wang Yulian, Pan Yuanhu. Development and Validation of a Sensitive Indirect Competitive Enzyme-Linked Immunosorbent Assay for the Screening of Florfenicol and Thiamphenicol in Edible Animal Tissue and Feed［J］. Food Analytical Methods, 2016, (9): 2434-2443.

［18］Guo Lingling, Song Shanshan, Liu Liqiang. Comparsion of an immunochromatographic strip with ELISA for simultaneous detection of thiamphenicol, florfenicol and chloramphenicol in food samples［J］. Biomedical Chromatography, 2015, 29(9): 1432-1439.

［19］Lei Xianlu, Xu Liguang, Song Shanshan. Development of an ultrasensitive ic-ELISA and immunochromatographic strip assay for the simultaneous detection of florfenicol and thiamphenicol in eggs［J］. Food and Agricultural Immunology, 2018, 29(1): 254-266.

［20］Luo Pengjie, Cao Xingyuan, Wang Zhanhui. Development of an enzyme-linked immunosorbent assay for the detection of florfenicol in fish feed［J］. Food and Agricultural Immunology, 2009, 20(1): 57-65.

［21］Tao Xiaoqi, He Zhifei, Cao Xingyuan. Approaches for the determination of florfenicol and thiamphenicol in pork using a chemiluminescent ELISA［J］. Analytical Methods, 2015, 7: 8386-8392.

[22] Tao Xiaoqi, Jiang Haiyang, Yu Xuezhi. Development and validation of a chemiluminescent ELISA for simultaneous determination of florfenicol and its metabolite florfenicol amine in chicken muscle[J]. Analytical Methods, 2012, 4: 4083 - 4090.

[23] Tao Xiaoqi, Yu Xuezhi, Zhang Dongdong. Development of a rapid chemiluminescent ciELISA for simultaneous determination of florfenicol and its metabolite florfenicol amine in animal meat products[J]. Journal of the Science of Food and Agriculture, 2014, 94(2): 301 - 307.

[24] Wu Jin-E, Chang Chao, Ding Wen-Ping. Determination of Florfenicol Amine Residues in Animal Edible Tissues by an Indirect Competitive ELISA[J]. Journal of Agricultural and Food Chemistry, 2008, 56(18): 8261 - 8267.

[25] 郑德海,郑军明,沈青. 丝网印刷工艺,北京:印刷工业出版社,2000:1 - 2.

[26] Christine B, Silvana A, Jean L M. A na l. Ch im. A cta, 2003, 481 (2): 209 - 211.

[27] Silvana A, Thierry N, Vasile M, Jean L M. Ta lan ta, 2002, 57 (1): 169 - 176.

[28] Carlos A. Galán V, Javier M, Carlos D. Sensors and A ctua tors B, 1997, 45 (1): 55 - 62.

[29] 汪立忠,张玉涛. 印刷三电极系统的制备及分析应用[J]. 分析化学,1994,22(11): 1185 - 1188.

[30] 屠一锋,许健. 化学修饰丝网印刷薄片碳电极测定痕量铜[J]. 分析化学,2001,29(1): 109 - 111.

[31] 童基均,汪亚明,黄文清,康锋,陈裕泉. 基于平面印刷碳电极的重金属离子检测[J]; 传感技术学报;2004,(1)

[32] 赵广英,沈颐涵,林晓娜,等. 微型DPSA - 1仪—SPCE微分电位溶出法快速检测茶叶中的微量铅[J]. 中国食品学报,2010,10(2):187 - 194

[33] Li Zhonghui, Li Zhoumin, Jiang Jindou. Simultaneous detection of various contaminants in milk based on visualized microarray[J]. Food Control, 2017, 73: 994 - 1001.

[34] Li Zhonghui, Li Zhoumin, Xu Danke. Simultaneous detection of four nitrofuran metabolites in honey by using a visualized microarray screen assay[J]. Food Chemistry, 2017, 221: 1813 - 1821.

[35] Li Zhoumin, Li Zhonghui, Zhao Dingyi. Smartphone-based visualized microarray detection for multiplexed harmful substances in milk[J]. Biosensors and Bioelectronics, 2017, 87: 874 - 880.

[36] Li Zhoumin, Wen Fang, Li Zhonghui. Simultaneous detection of α - Lactoalbumin, β - Lactoglobulin and Lactoferrin in milk by Visualized Microarray[J]. BMC Biotechnology, 2017, 17(1).

[37] 郭志红,王国青,王艳. 蛋白芯片检测鸡猪组织中磺胺二甲基嘧啶等4种兽药的残留

[J].中国兽药杂志,2010,44(10):42-45.

[38] 韩欢欢,于晓波,吕任极.一种蛋白质阵列芯片新技术的研究[J].分析试验室,2008, (2):107-110.

[39] 李慧,钟文英,许丹科.生物素修饰纳米银探针的制备及在蛋白芯片可视化检测中的应用[J].高等学校化学学报,2010,31(11):2184-2189.

[40] 张寿松,杨洁.电位溶出时间方程式及其实验验证[J].分析化学,1983,7:495-499.

[41] 张祖训,周琦.电位溶出分析法的理论和验证[J].化学学报,1983,41(5):403-409.

[42] 慈艳柯,陈秀英,吴孙桃等.片上系统的设计技术及其研究进展[J].半导体技术, 2001,07:12-16.

[43] 洪锡高,周玉洁.片上系统设计方法和低功耗设计[J].微型机与应用,2005,10: 22-25.

[44] 周端,王国平,顾新.片上系统的技术与发展[J].计算机工程,2002,09:4-5.

[45] Christidis K, Robertson P, Gow K, et al. Voltammetric in situ measurements of heavy metals in soil using a portable electrochemical instrument[J]. Measurement, 2007, 40(9-10):960-967.

[46] 赵广英,沈颐涵.SPCE-微型 DPSA-1 仪同步快速检测蔬菜中的铅、镉、铜[J];化学通报;2010,05:447-454.

第二篇

食品安全分析综合实训

第四章　现场快速分析检测实验

实验一　可视化微阵列芯片试剂盒检测猪肉中的瘦肉精

一、目的和要求

1. 了解可视化微阵列芯片试剂盒检测猪肉瘦肉精的方法和原理。
2. 掌握猪肉样本中瘦肉精同时检测的前处理方法。
3. 掌握芯片试剂盒的检测方法。
4. 通过对猪肉样本中瘦肉精检测结果的分析,了解影响测定准确性的因素。

二、实验原理

可视化微阵列芯片用于猪肉中瘦肉精残留检测是基于间接竞争免疫分析原理。可视化微阵列芯片微孔中包含有克伦特罗和莱克多巴胺的人工抗原点,当在微孔反应区内加入待测样品与相应抗体后,游离的待检物和芯片上固定的人工抗原点竞争结合相应的抗体。因此游离的待检物越多,抗体与固定在芯片上的相关抗原点的结合量就越少。待反应完毕洗涤后,加入纳米催化显色试剂,纳米颗粒经催化反应直径显著增加,在芯片表面形成肉眼可见的黑色斑点。各黑色斑点通过芯片分析仪自动扫描检测后可获得各斑点的相关灰度值。由于样品中残留的克伦特罗和莱克多巴胺含量与样品的灰度值呈负相关,经芯片分析软件与标准曲线自动比较计算后,即可得出各相关瘦肉精含量,最终可实现多个瘦肉精样品的同时定量检测。

三、仪器与试剂

1. 仪器

芯片分析仪(Q-Array 2000,祥中科技);均质器;振荡器;离心机;恒温振荡仪;天平(感量 0.01 g);容量瓶(100 mL);聚苯乙烯离心管(2 mL,15 mL);微量移液器(单道 20 μL～200 μL,100 μL～1000 μL)。

2. 试剂及材料

去离子水,氢氧化钠(分析纯),生鲜猪肉。

3. 可视化微阵列芯片试剂盒

(1) 微量测试孔:每条 8 孔×12 条,点样有克伦特罗和莱克多巴胺。

(2) 标准液 6 瓶(0.5 mL/瓶,包括克伦特罗、莱克多巴胺混合标准液)

标准液浓度(ppb)	克伦特罗 CLEN	莱克多巴胺 RAC
标准品 1	0	0
标准品 2	0.07	0.07
标准品 3	0.15	0.15
标准品 4	0.30	0.30
标准品 5	0.60	0.60
标准品 6	1.20	1.20

(3) 抗体工作液　　　　　6 mL

(4) 二抗工作液　　　　　6 mL

(5) 显色液 A　　　　　　4 mL

(6) 显色液 B　　　　　　4 mL

(7) 20×浓缩洗涤液　　　25 mL

(8) 高浓度标准液　　　　0.5 mL

(9) 10×组织稀释液　　　50 mL

(10) 组织提取液　　　　　5 mL

4. 溶液配制

(1) 配液 1:组织稀释液

用去离子水将 10×组织稀释液按 1∶9 体积比进行稀释(1 份 10×组织稀释液+9 份去离子水)。

(2) 配液 2:0.5 M 氢氧化钠溶液

称取 2.0 g 氢氧化钠加入 100 mL 去离子水溶解混匀。

(3) 配液 3:洗涤工作液

用去离子水将 20×浓缩洗涤液按 1∶19 体积比进行稀释(1 份 20×浓缩洗涤液+19 份去离子水)用于芯片板的洗涤,洗涤工作液在 4 ℃(39.2 ℉)环境可保存一个月。

四、实验步骤

1. 样本预处理

(1) 称取 2.0 g±0.1 g 均质后的样本至 50 mL 离心管中;

(2) 加入 6 mL 组织稀释液(配液 1)和 60 μL 组织提取液,2500 rpm 振荡 3 分钟,在 4000 g 转速下离心 5 分钟;

(3) 取 1 mL 上清液,用 0.5 M NaOH 溶液调节 pH 至中性(约 50 μL),振荡 10 秒,10000 g 离心 5 分钟;

(4) 离心后,取上层清液 50 μL 用于检测。

2. 检测步骤

(1) 准备:使用前将芯片置于室温(20~25 ℃)平衡 30 min 以上。注意每种液体试剂使用前均须摇匀,所有试剂需避光保存;

(2) 取出需要数量的芯片微孔条插入框架中,确保其水平稳固。将不用的微孔条放入自封袋密封,保存于 2~8 ℃,不要冷冻;

(3) 编号:将样品和标准品对应微孔按序编号,建议每个样品和标准品均做双孔平行;

(4) 加样:依次加入 50 L 样品或标准工作液和 50 μL 抗体工作液到各自的微孔中,用盖板膜封板,轻轻振荡混匀,25 ℃ 600 r/m 振荡速度下反应 30 min;

(5) 洗板:小心揭开使用盖板膜,将孔内液体甩干,用洗涤工作液 250 μL/孔洗涤反应孔,充分洗涤 3 次,每次间隔 10 s,用吸水纸拍干(拍干后未被清除的气泡可用未使用过的枪头戳破);

(6) 在每孔中加入二抗工作液 50 μL/孔,用盖板膜封板,轻轻振荡混匀,37 ℃ 600 r/m 振荡速度下反应 30 min,取出重复步骤 6;

(7) 显色:显色液 A 和显色液 B 临用时 1∶1 混合均匀(注意:过早混匀将影响结果的检测),每孔加入混合液 50 μL,37 ℃ 600 r/m 避光显色约 12 min,(如若微孔内黑色沉淀较深或较浅,可适当缩短或延长反应时间,但显色时间应控制在 11~13 min 内)取出重复步骤 6;

(8) 测定:将显色后的芯片放入芯片分析仪中获取图像,启用默认的芯片专用软件进行自动化分析,结果报告将自动生成。

五、注意事项

1. 实验中必须使用一次性吸头,在吸取不同的试剂时要更换吸头。

2. 实验之前须检查各种实验器具是否干净,必要时可对实验器具进行清洁,以避免污染干扰实验结果。

3. 向孔内移液时,移液头朝向芯片的前边缘,不要接触芯片表面。

4. 所有样品和试剂的添加,洗涤和孵育都要在芯片架上完成。

5. 试管和容器都应该贴标签,确保正确的样品标识。

6. 注意不要使液体溢出,避免交叉污染。

7. 在洗板过程中如果出现板孔内干燥的情况,则会伴随着出现标准曲线不成线性,重复性不好的现象。应注意洗板拍干后立即进行下一步操作。

8. 不要使用超过有效日期的芯片。不要交换使用不同批号的盒中试剂。稀释试剂或掺杂使用芯片板条会引起灵敏度、信号值的变化。

9. 不用的微孔板放进自封袋密封;标准物质对光敏感,因此要避免直接暴露在光线下。显色液应严格避光保存,建议试剂盒开封后即用铝箔纸包覆显色液试剂瓶。显色液应为无色澄清透明溶液,若有任何颜色或沉淀等表明已变质,应当弃之。

10. 标准品 1 的信号度值小于 20000 时表示试剂盒可能失效。

11. 该芯片最佳反应温度为 25 ℃/37 ℃,每一步的温度应该严格按照说明书设定,温度过高或过低将导致检测信号值和灵敏度发生变化。

12. 储藏条件:为保证芯片试剂盒显色正常,请收到试剂盒后将显色液 A、显色液 B 放入－20 ℃冷冻保存,使用前在 25 ℃解冻 2 小时。试剂盒内其余组分放入 2～8 ℃保存。

六、思考题

1. 影响可视化微阵列芯片试剂盒测定猪肉中瘦肉精准确度的因素有哪些?

2. 在本试验中,为什么样品中瘦肉精的含量越高,显色信号值反而低?

3. 计算结果时,本实验中样本的稀释倍数是多少?

4. 试分析如果样本 pH 最后没有调成中性,结果会怎么样?

参考文献

[1] 陈小聪. 动物源性食品中兽药残留快速检测技术研究进展[J]. 农产品加工,2017,(15):70 - 72.

[2] 菲杨,王培龙,雷石. β-受体激动剂速测技术研究[J]. 农产品质量与安全,2015,(4):41 - 47.

[3] 郭志红,王国青,王艳. 蛋白芯片检测鸡猪组织中磺胺二甲基嘧啶等 4 种兽药的残留[J]. 中国兽药杂志,2010,44(10):42 - 45.

[4] 韩欢欢,于晓波,吕任极.一种蛋白质阵列芯片新技术的研究[J].分析试验室,2008,
　　　(2):107-110.

[5] 李慧,钟文英,许丹科.生物素修饰纳米银探针的制备及在蛋白芯片可视化检测中的应
　　　用[J].高等学校化学学报,2010,31(11):2184-2189.

[6] 孙来玉,尹莉,姚婷.瘦肉精克伦特罗残留检测免疫芯片技术的研究[J].药物分析杂
　　　志,2014,34(5):859-864.

[7] 于辙,刘志红,吴英松.基于可视化蛋白芯片的抗体分析方法研究[J].细胞与分子免疫
　　　学杂志,2008,(1):52-53.

[8] 张娟,谭嘉力,梁宇斌.可视芯片技术及其在食品安全检测中的应用[J].食品工业科
　　　技,2013,34(08):381-385.

[9] 张瑞,苏小川.瘦肉精检测前处理方法研究进展[J].应用预防医学,2018,24(4):
　　　332-335.

[10] 章寅,叶邦策.违禁药物残留微阵列检测试剂盒开发研究[J].现代农业科技,2011,
　　　(15):173-175.

[11] 赵玉佳,文心田,马锐.可视化芯片显色技术在病原学检测中的研究进展[J].中国预
　　　防兽医学报,2017,39(2):159-162.

[12] 钟文英,李周敏,许丹科.微孔板蛋白芯片可视化检测方法的研究[J].分析试验室,
　　　2010,29(5).

实验二 可视化微阵列芯片试剂盒同时检测蜂蜜中的喹诺酮类和四环素族

一、目的和要求

1. 了解可视化微阵列芯片试剂盒检测蜂蜜中喹诺酮和四环素的方法和原理。

2. 掌握蜂蜜样本中喹诺酮类和四环素族同时检测的前处理方法。

3. 掌握芯片试剂盒的检测方法。

4. 通过对蜂蜜中喹诺酮类和四环素族检测结果的分析,了解影响测定准确性的因素。

二、实验原理

可视化微阵列芯片用于蜂蜜等样品中抗生素残留检测是基于间接竞争免疫分析原理。可视化微阵列芯片微孔中包含有喹诺酮和四环素抗生素分子的人工抗原点,当在微孔反应区内加入待测抗生素样品与相应抗体后,游离的待检物和芯片上固定的人工抗原点竞争结合相应的抗体。因此游离的待检物越多,抗体与固定在芯片上的相关抗原点的结合量就越少。待反应完毕洗涤后,加入纳米催化显色试剂,纳米颗粒经催化反应而直径显著增加,在芯片表面形成肉眼可见的黑色斑点。各黑色斑点通过芯片分析仪自动扫描检测后可获得各斑点的相关灰度值。由于样品中残留的抗生素含量与样品的灰度值呈负相关,经芯片分析软件与标准曲线自动比较计算后,即可得出各抗生素的含量,最终可实现多种抗生素的同时定量检测。

三、仪器与试剂

1. **仪器**

芯片分析仪(Q-Array 2000,祥中科技);振荡器;天平(感量 0.01 g);容量瓶(100 mL);恒温振荡仪;聚苯乙烯离心管(15 mL,2 mL);微量移液器(单道 20 μL~200 μL,100 μL~1000 μL)。

2. **试剂与材料**

去离子水,蜂蜜。

3. 可视化微阵列芯片试剂盒

(1) 微量测试孔:每条 8 孔×12 条,点样有喹诺酮和四环素抗原。

(2) 10×浓缩标准液 6 瓶(0.5 mL/瓶,包括 QNs,TC 混合标准液),临用前需 10 倍稀释。

标准液浓度(ppb)	喹诺酮类 QNs	四环素族 TC
标准品 1	0	0
标准品 2	0.05	0.20
标准品 3	0.10	0.40
标准品 4	0.25	1.00
标准品 5	0.60	2.50
标准品 6	1.5	6.25

* 以上浓度为稀释后的标准品浓度。

(3) 抗体工作液　　　　　6 mL

(4) 二抗工作液　　　　　6 mL

(5) 显色液 A　　　　　　4 mL

(6) 显色液 B　　　　　　4 mL

(7) 20×浓缩洗涤液　　　25 mL

(8) 标准品稀释液　　　　10 mL

(9) 高浓度标准液　　　　0.5 mL

(10) 10×蜂蜜提取液(若析出晶体,则溶解后使用)　　　40 mL

4. 溶液配制

(1) 配液 1:洗涤工作液

用去离子水将 20×浓缩洗涤液按 1∶19 体积比进行稀释(1 份 20×浓缩洗涤液＋19 份去离子水)用于芯片板的洗涤。配制后的洗涤工作液在 4 ℃(39.2 ℉)环境可保存一个月。

(2) 配液 2:1×蜂蜜提取液

用去离子水将 5×蜂蜜提取液按 1∶9 体积比进行稀释(1 份 10×蜂蜜提取液＋9 份去离子水)配成 1×蜂蜜提取液。配制后的 1×蜂蜜提取液可在常温下保存一个月。

* 注意:10×蜂蜜提取液需摇匀后使用,若有晶体析出,必须溶解后使用。

四、实验步骤

1. 样本预处理

(1) 称取 1.00 g±0.05 g 蜂蜜至 10 mL 聚苯乙烯离心管中。

(2) 加入 3 mL 的 1×蜂蜜提取液(配液 2),2500 r/m 振荡 3 min。

(3) 取上述溶解后的溶液 50 μL(注意避开蜂蜜样本中不溶性杂质),加入 200 μL 的 1×蜂蜜提取液,振荡混匀。

(4) 取 50 μL/孔用于分析。

＊注意:处理好的样本溶液,请在 2 小时内完成检测。溶液长时间放置后,四环素等极易降解,造成检测结果偏低,产生假阴性。

2. 检测步骤

(1) 准备:使用前将芯片置于室温(20～25 ℃)平衡 30 min 以上,注意每种液体试剂使用前均须摇匀,所有试剂需避光保存;

(2) 取出需要数量的芯片微孔条插入框架中,确保其水平稳固,将不用的微孔条放入自封袋密封,保存于 2～8 ℃,不要冷冻;

(3) 编号:将样品和标准品对应微孔按序编号,建议每个样品和标准品均做双孔平行;

(4) 加样:依次加入 50 μL 样品或标准工作液和 50 μL 抗体工作液到各自的微孔中,用盖板膜封板,轻轻振荡混匀,25 ℃ 600 r/m 振荡速度下反应 30 min;

(5) 洗板:小心揭开使用盖板膜,将孔内液体甩干,用洗涤工作液 250 μL/孔洗涤反应孔,充分洗涤 3 次,每次间隔 10 s,用吸水纸拍干(拍干后未被清除的气泡可用未使用过的枪头戳破);

(6) 在每孔中加入二抗工作液 50 μL/孔,用盖板膜封板,轻轻振荡混匀,37 ℃ 600 r/m 振荡速度下反应 30 min,取出重复步骤6;

(7) 显色:显色液 A 和显色液 B 临用时 1：1 混合均匀(注意:过早混匀将影响结果的检测),每孔加入混合液 50 μL,37 ℃ 600 r/m 避光显色约 12 min,(如若微孔内黑色沉淀较深或较浅,可适当缩短或延长反应时间,但显色时间应控制在 11～13 min 内)取出重复步骤6;

(8) 测定:将显色后的芯片放入芯片分析仪中获取图像,启用默认的芯片专用软件进行自动化分析,结果报告将自动生成。

五、注意事项

1. 实验中必须使用一次性吸头,在吸取不同的试剂时要更换吸头。

2. 实验之前须检查各种实验器具是否干净,必要时可对实验器具进行清洁,以避免污染干扰实验结果。

3. 向孔内移液时,移液头朝向芯片的前边缘,不要接触芯片表面。

4. 所有样品和试剂的添加,洗涤和孵育都要在芯片架上完成。

5. 试管和容器都应该贴标签,确保正确的样品标识。

6. 注意不要使液体溢出避免交叉污染。

7. 在洗板过程中如果出现板孔内干燥的情况,则会伴随着出现标准曲线不成线性、重复性不好的现象。应注意洗板拍干后立即进行下一步操作。

8. 不要使用超过有效日期的芯片。不要交换使用不同批号的盒中试剂。稀释试剂或掺杂使用芯片板条会引起灵敏度、信号值的变化。

9. 不用的微孔板放进自封袋密封;标准物质对光敏感,因此要避免直接暴露在光线下。显色液应严格避光保存,建议试剂盒开封后即用铝箔纸包覆显色液试剂瓶。

10. 显色液应为无色澄清透明溶液,若有任何颜色或沉淀等表明已变质,应当弃之。标准品 1 的信号度值小于 20000 时表示试剂盒可能失效。

11. 该芯片最佳反应温度为 25 ℃/37 ℃,每一步的温度应该严格按照说明书设定,温度过高或过低将导致检测信号值和灵敏度发生变化。

12. 储藏条件:为保证芯片试剂盒显色正常,请收到试剂盒后将显色液 A、显色液 B 放入 -20 ℃冷冻保存,使用前在 25 ℃解冻 2 小时。试剂盒内其余组分放入 2~8 ℃保存。

六、思考题

1. 影响可视化微阵列芯片试剂盒测定蜂蜜中喹诺酮和四环素准确度的因素有哪些?

2. 在本试验中,为什么样品中喹诺酮和四环素的含量与显色信号值呈反比?

3. 计算结果时,本实验中样本的稀释倍数是多少?

参考文献

[1] Li Zhonghui, Li Zhoumin, Xu Danke. Simultaneous detection of four nitrofuran metabolites in honey by using a visualized microarray screen assay [J]. Food Chemistry, 2017, 221: 1813-1821.

[2] Li Zhoumin, Li Zhonghui, Zhao Dingyi. Smartphone-based visualized microarray detection for multiplexed harmful substances in milk [J]. Biosensors and

Bioelectronics, 2017, 87: 874-880.

[3] 杜兵耀,文芳,臧长江. 氯霉素 ELISA 可视化微阵列芯片检测试剂盒评价研究[J]. 中国乳品工业,2017,45(05):47-50.

[4] 娜金,叶邦策. 蛋白质芯片分析在呋喃唑酮检测中的应用研究[J]. 食品工业科技,2011,32(9):423-425.

[5] 王兴如,钟文英,李周敏. 微孔板生物芯片测定蜂蜜中四环素残留方法的研究及应用[J]. 药物分析杂志,2015,35(7):1240-1244.

[6] 许丹科. 生物微阵列芯片检测新方法的研究[J]. 化学传感器,2011,31(04):21.

[7] 许国峰,慧李,翠张. 量子点银增强可视化检测方法的研究与应用[J]. 分析化学,2010,38(10):1383-1387.

[8] 许月明,潘言方,李慧慧. ELISA 可视化微阵列芯片法检测蜂蜜中硝基呋喃类药物的残留量[J]. 食品安全导刊,2018,(18):147-150.

[9] 钟文英,王兴如,许丹科. 可视化蛋白芯片法同时检测牛乳中残留的磺胺类和喹诺酮类药物[J]. 食品科学,2016,37(02):193-197.

[10] 左鹏,叶邦策. 蛋白芯片法快速测定食品中氯霉素和磺胺二甲嘧啶残留[J]. 食品科学,2007,(02):254-258.

实验三　酶联免疫试剂盒检测鸡肉中的氟苯尼考残留量

一、目的和要求

1. 了解酶联免疫试剂盒检测鸡肉中氟苯尼考的方法和原理。

2. 掌握鸡肉中氟苯尼考检测的前处理方法。

3. 掌握酶联免疫试剂盒的检测方法。

4. 通过对鸡肉样本中氟苯尼考检测结果的分析,了解影响测定准确性的因素。

二、实验原理

利用氟苯尼考抗体与氟苯尼考可产生特异性结合的性质,先在酶标板上预包被抗原,再加入标准品(样本)和氟苯尼考抗体,氟苯尼考药物与固定在酶标板上的抗原竞争氟苯尼考抗体,最后加入底物催化显色。此时显色深度与标准品(样本)中氟苯尼考药物的含量成反比。

三、仪器与试剂

1. 仪器

酶标仪(检测波长 450 nm、630 nm);振荡器;离心机;天平(感量 0.01 g);容量瓶(100 mL);恒温振荡仪;聚苯乙烯离心管(2 mL,15 mL);微量移液器(单道 20 μL～200 μL,100 μL～1000 μL)。

2. 试剂及材料

去离子水,鸡肉。

3. 氟苯尼考酶联免疫试剂盒

(1) 微量测试孔:每条 8 孔×12 条,包被有氟苯尼考抗原。

(2) 标准品工作液:0 ppb、0.4 ppb、0.8 ppb、1.6 ppb、3.2 ppb,6.4 mL/瓶。

(3) 酶标记物工作液:1 瓶(7 mL/瓶)。

(4) 20×浓缩洗涤液:1 瓶(30 mL/瓶)。

(5) 20×浓缩复溶液:1 瓶(10 mL/瓶)。

(6) 底物 A 液:1 瓶(7 mL/瓶)。

(7) 底物 B 液:1 瓶(7 mL/瓶)。

(8) 终止液:1 瓶(7 mL/瓶)。

（9）高浓度标准液（0.5 mL/瓶）。

4. 溶液配制

（1）样本复溶液

用去离子水将 20×样本复溶液按 1∶19 体积比进行稀释（1 份 20×浓缩洗涤液＋19 份去离子水）得样本复溶液，样本复溶液在 4 ℃（39.2 ℉）环境可保存一个月。

（2）洗涤工作液

用去离子水将 20×浓缩洗涤液按 1∶19 体积比进行稀释（1 份 20×浓缩洗涤液＋19 份去离子水）用于孔板的洗涤，洗涤工作液在 4 ℃（39.2 ℉）环境可保存一个月。

四、实验步骤

1. 样本预处理

（1）准确称取 1.0 ± 0.05 g 均质后的组织样本至 5 mL 离心管中，加入 2 mL 去离子水，剧烈涡动 1 min，4000 g 以上，离心 5 min。

（2）移取 50 μL 上清液，加入 950 μL 复溶工作液中，剧烈涡动 30 s。

（3）取 50 μL 用于分析。

2. 检测步骤

（1）准备：将要使用的酶标板条插入酶标板架上，并记录各标准品和样品的位置，为减小检测值波动建议做双孔平行实验（每个样本/标准品点两孔），未使用的酶标板条用自封袋密封后，保存于 2～8 ℃环境中以防变质；

（2）加样：向对应微孔中加入标准品工作液/样品溶液 50 μL，再向每孔中加入 50 μL 酶标记物工作液；

（3）孵育：轻轻振荡酶标板 10 s，使孔内液体充分混匀后，盖好盖板膜于 25 ℃避光反应 30 min；

（4）洗涤：取出酶标板后小心揭开盖板膜，倒出板孔中液体后，在每孔加 250 μL 洗涤工作液，浸泡 15～30 s 后倒掉洗涤工作液，然后再加入洗涤工作液重复洗涤 3～4 次后，将酶标板倒置于吸水纸上，用力拍干；

（5）显色：在每孔中加入 100 μL 底物 A 和底物 B 的混合液（注：底物 A 液、底物 B 液必须按体积 1∶1 充分混合，混合液在 10 min 内使用，切不可使用金属容器盛装、搅拌试剂以免底物变质失效）；

（6）孵育：轻轻振荡酶标板 10 s，使孔内液体充分混匀后，盖好盖板膜于 25 ℃避光反应 15 min；

（7）终止：在反应后的微孔中加入终止液 50 μL/孔，底物液由蓝变黄表明终止成功；

（8）读数：终止后的酶标板应在 5 min 内用酶标仪读数，建议使用 450 nm、630 nm 双波长读取酶标板吸光度值。

五、结果计算

设各标准品（或样品）的吸光度平均值为 B，零标准（浓度为 0 ppb 的标准品）吸光度平均值 B_0。以（B/B_0）×100％为各标准品（或样品）对应的吸光度的百分比。

使用半对数系统代入标准品对应的吸光度的百分比，与标准品浓度拟合出标准曲线。

将待检样品吸光度的百分比代入拟合出的标准曲线方程中，即可得出样品对应的浓度，最后乘以样品相应的稀释倍数，即可得出样品中检测物含量。

$$X = A \times f/m \times 1000$$

式中，X 为试样中氟苯尼考的含量，$\mu g/kg$ 或者 $\mu g/L$，A 为试样的百分吸光度值对应的磺胺的含量，$\mu g/kg$ 或者 $\mu g/L$；f 为试样稀释倍数；m 为试样的取样量，g 或者 mL。

六、注意事项

1. 使用试剂盒前，请务必仔细阅读说明书。

2. 试剂盒使用前，需将盒内各组分置于实验台上回温至室温（25±2 ℃）（提示：约 1 h）。

3. 试剂使用前需摇匀，混合时应避免出现气泡。

4. 枪头为一次性用品，为防止试剂交叉污染，检测过程中所用枪头不得重复使用。

5. 请勿使用过期试剂盒，不同批号试剂盒中的试剂不得混用。

6. 样品处理完毕后请立即分析，否则可能影响检测结果。

7. 底物 A 液、底物 B 液均为无色透明液体，若在使用前已变成蓝色，或混合后立即变蓝，说明试剂已污染或变质。

8. 加样过程在保证精度的前提下一定要迅速，以免反应时间差对检测结果产生影响。

9. 终止液中含有硫酸，若不小心溅上皮肤或衣物请立即用大量清水冲洗。若不慎入眼，请在彻底清洗后去医院检查。

七、思考题

1. 鸡肉中氟苯尼考残留量的检测方法还有哪些?
2. 在本试验中,鸡肉样本的稀释倍数是多少?
3. 影响结果准确度的因素有哪些?

参考文献

[1] Guo Lingling, Song Shanshan, Liu Liqiang. Comparsion of an immunochromatographic strip with ELISA for simultaneous detection of thiamphenicol, florfenicol and chloramphenicol in food samples[J]. Biomedical Chromatography, 2015, 29(9): 1432 - 1439.

[2] Lei Xianlu, Xu Liguang, Song Shanshan. Development of an ultrasensitive ic-ELISA and immunochromatographic strip assay for the simultaneous detection of florfenicol and thiamphenicol in eggs[J]. Food and Agricultural Immunology, 2018, 29(1): 254 - 266.

[3] Tao Xiaoqi, Jiang Haiyang, Yu Xuezhi. Development and validation of a chemiluminescent ELISA for simultaneous determination of florfenicol and its metabolite florfenicol amine in chicken muscle[J]. Analytical Methods, 2012, 4: 4083 - 4090.

[4] Tao Xiaoqi, Yu Xuezhi, Zhang Dongdong. Development of a rapid chemiluminescent ciELISA for simultaneous determination of florfenicol and its metabolite florfenicol amine in animal meat products[J]. Journal of the Science of Food and Agriculture, 2014, 94(2): 301 - 307.

[5] Wu Jin-E, Chang Chao, Ding Wen-Ping. Determination of Florfenicol Amine Residues in Animal Edible Tissues by an Indirect Competitive ELISA[J]. Journal of Agricultural and Food Chemistry, 2008, 56(18): 8261 - 8267.

[6] 孙法良,刁有祥,孙宁. 鸡肉中氟苯尼考 ELISA 检测方法的建立及应用[J]. 中国农业科学,2009,42(5):1813 - 1819.

[7] 冯才茂,贾瑜,马孝斌. 氟苯尼考残留的酶联免疫检测方法的研究[J]. 北京工商大学学报(自然科学版),2012,30(04):50 - 53.

[8] 李然,林泽佳,杨金易. 酶联免疫法检测动物组织及尿液中氟苯尼考与甲砜霉素的残留[J]. 分析化学,2018,46(8):1321 - 1328.

[9] 刘智宏,黄耀凌,汪霞. 水产品中甲砜霉素、氟苯尼考和氟苯尼考胺酶联免疫多残留测定[J]. 中国兽药杂志,2010,44(12):1 - 5.

实验四　酶联免疫试剂盒检测牛奶中的磺胺残留量

一、目的和要求

1. 了解酶联免疫试剂盒检测牛奶中磺胺的方法和原理。
2. 掌握牛奶中磺胺检测的前处理方法。
3. 掌握酶联免疫试剂盒的检测方法。
4. 通过对牛奶样本中磺胺检测结果的分析，了解影响测定准确性的因素。

二、实验原理

利用磺胺类药物抗体与磺胺类药物可产生特异性结合的性质，先在酶标板上预包被抗原，再加入标准品(样本)和磺胺类药物抗体，样本或标准品中的磺胺类药物与固定在酶标板上的抗原竞争磺胺类抗体，最后加入底物催化显色。此时显色深度与标准品(样本)中磺胺类药物的含量成反比。

三、仪器与试剂

1. 仪器

酶标仪(检测波长 450 nm、630 nm)；振荡器；氮吹仪；离心机；天平(感量 0.01 g)；容量瓶(100 mL)；恒温振荡仪；聚苯乙烯离心管(2 mL,15 mL)；微量移液器(单道 20 μL～200 μL,100 μL～1000 μL)。

2. 试剂及材料

去离子水,氢氧化钠(分析纯),乙酸乙酯(分析纯),正己烷(分析纯),市售牛奶。

3. 磺胺类酶联免疫试剂盒

(1) 微量测试孔:每条 8 孔×12 条,包被有磺胺抗原。

(2) 标准品工作液:0ppb、1.5ppb、4.5ppb、13.5ppb、40.5ppb,121.5 mL/瓶。

(3) 10×酶标记物浓缩液:1 瓶(0.8 mL/瓶)。

(4) 酶标记物稀释液:1 瓶(8 mL/瓶)。

(5) 磺胺牛奶样本提取剂:1 瓶(6 mL/瓶)。

(6) 20×浓缩洗涤液:1 瓶(30 mL/瓶)。

(7) 10×浓缩复溶液:1 瓶(10 mL/瓶)。

(8) 底物 A 液：1 瓶(7 mL/瓶)。

(9) 底物 B 液：1 瓶(7 mL/瓶)。

(10) 终止液：1 瓶(7 mL/瓶)。

(11) 高浓度标准液(0.5 mL 瓶)。

4. 溶液配制

(1) 酶标记物

用酶标记物稀释液将 10×酶标记物浓缩液按 1∶9 体积比进行稀释。

(2) 样本复溶液

用去离子水将 10×样本复溶液按 1∶9 体积比进行稀释(1 份 10×浓缩洗涤液+9 份去离子水)得样本复溶液，样本复溶液在 4 ℃(39.2 ℉)环境可保存一个月。

(3) 洗涤工作液

用去离子水将 20×浓缩洗涤液按 1∶19 体积比进行稀释(1 份 20×浓缩洗涤液+19 份去离子水)用于孔板的洗涤，洗涤工作液在 4 ℃(39.2 ℉)环境可保存一个月。

四、实验步骤

1. 样本预处理

(1) 取 1.00g±0.05 g 牛奶样本至 50 mL 聚苯乙烯离心管中，加 2 mL 样本复溶液(配液 1)，然后加入 6 mL 乙酸乙酯；

(2) 涡旋后 2500 rpm 振荡 10 min(充分振荡非常关键)，振荡后 4000 rpm 离心 5 min；

(3) 离心后，取 3 mL 上层乙酸乙酯层于 10 mL 离心管中，55 ℃氮吹干；

(4) 加入 1 mL 正己烷，2000 rpm 振荡 1 min；

(5) 再加入 500 μL 样本复溶液，2000 rpm 振荡 3 min；

(6) 振荡后，5000 rpm 离心 5 min；

(7) 去除上层有机相，取出下层水相 200 μl 至 1.5 mL 离心管中用于分析(取出的下层水相中不得含有上层有机相)。

2. 检测步骤

(1) 准备：将要使用的酶标板条插入酶标板架上，并记录各标准品和样品的位置，为减小检测值波动建议做双孔平行实验(每个样本/标准品点两孔)，未使用的酶标板条用自封袋密封后，保存于 2~8 ℃环境中以防变质；

(2) 加样：向对应微孔中加入标准品工作液/样品溶液 50 μL，再向每孔中加入 50 μL 酶标记物工作液；

（3）孵育：轻轻振荡酶标板 10 s,使孔内液体充分混匀后,盖好盖板膜于 25 ℃避光反应 30 min；

（4）洗涤：取出酶标板后小心揭开盖板膜,倒出板孔中液体后,在每孔加 250 μL 洗涤工作液,浸泡 15～30 s 后倒掉洗涤工作液,然后再加入洗涤工作液重复洗涤 3～4 次后,将酶标板倒置于吸水纸上,用力拍干；

（5）显色：在每孔中加入 100 μL 底物 A 和底物 B 的混合液(注:底物 A 液、底物 B 液必须按体积 1∶1 充分混合,混合液在 10 min 内使用,切不可使用金属容器盛装、搅拌试剂以免底物变质失效)；

（6）孵育：轻轻振荡酶标板 10 s,使孔内液体充分混匀后,盖好盖板膜于 25 ℃避光反应 15 min；

（7）终止：在反应后的微孔中加入终止液 50 μL/孔,底物液由蓝变黄表明终止成功；

（8）读数：终止后的酶标板应在 5 min 内用酶标仪读数,建议使用 450 nm、630 nm 双波长读取酶标板吸光度值。

五、结果计算

设各标准品(或样品)的吸光度平均值为 B,零标准(浓度为 0 ppb 的标准品)吸光度平均值 B_0。以 $(B/B_0) \times 100\%$ 为各标准品(或样品)对应的吸光度的百分比。

使用半对数系统代入标准品对应的吸光度的百分比,与标准品浓度拟合出标准曲线。

将待检样品吸光度的百分比代入拟合出的标准曲线方程中,即可得出样品对应的浓度,最后乘以样品相应的稀释倍数,即可得出样品中检测物含量。

$$X = A \times f / m \times 1000$$

式中,X 为试样中磺胺的含量,$μg/kg$ 或者 $μg/L$,A 为试样的百分吸光度值对应的磺胺的含量,$μg/kg$ 或者 $μg/L$；f 为试样稀释倍数；m 为试样的取样量,g 或者 mL。

六、注意事项

1. 使用试剂盒前,请务必仔细阅读说明书。

2. 试剂盒使用前,需将盒内各组分置于实验台上回温至室温(25±2 ℃) (提示:约 1 h)。

3. 试剂使用前需摇匀,混合时应避免出现气泡。

4. 枪头为一次性用品,为防止试剂交叉污染,检测过程中所用枪头不得重复使用。

5. 请勿使用过期试剂盒,不同批号试剂盒中的试剂不得混用。

6. 样品处理完毕后请立即分析,否则可能影响检测结果。

7. 底物 A 液、底物 B 液均为无色透明液体,若在使用前已变成蓝色,或混合后立即变蓝,说明试剂已污染或变质。

8. 加样过程在保证精度的前提下一定要迅速,以免反应时间差对检测结果产生影响。

9. 终止液中含有硫酸,若不小心溅上皮肤或衣物请立即用大量清水冲洗。若不慎入眼,请在彻底清洗后去医院检查。

七、思考题

1. 牛奶中磺胺残留量的检测方法还有哪些?

2. 在本试验中,为什么牛奶中磺胺的含量越高,显色信号值反而低?

3. 影响结果准确度的因素有哪些?

4. 氮吹未吹干对结果有什么影响?

参考文献

[1] 田博,金坚,惠人杰,等.兽药残留检测中磺胺嘧啶 ELISA 试剂盒的研制[J].生物加工过程,2017(01):69 - 72.

[2] 苏明明,肖姗姗,张瑜,等.酶联免疫试剂盒检测牛血清中磺胺类药物残留[J].检验检疫学刊,2016(02):17 - 20.

[3] 栗世婷.磺胺二甲基嘧啶完全抗原的合成和鉴定[J].药物生物技术,2017,24(4):294 - 298.

[4] 谢体波,龚维瑶,钟新敏,等.动物源性食品检测磺胺类残留 ELISA 试剂盒的研制[J].食品与发酵工业,2018,44(12):250 - 255.

[5] 龚云飞,王唯芬,张明洲,等.磺胺二甲嘧啶快速直接竞争 ELISA 试剂盒的研制及应用[J].2014,42(7):1007 - 1014.

[6] 李君华,米振杰,李志平,等.磺胺二甲嘧啶药物残留 ELISA 检测试剂盒的研制及初步应用[J].饲料加工与检测,2013,49(9):78 - 81.

[7] 魏镭,王战辉,江海洋,等.磺胺类药物广谱性多克隆抗体的制备[J].中国兽医杂志,2012,48(12):76 - 80.

[8] 杜玉玲,常迪,吴国英,等.磺胺母核单克隆抗体的制备及其免疫学特性研究[J].中国食品学报,2013,13(12):139 - 145.

[9] 万宇平,刘琳,罗晓琴,检测磺胺类 7 种药物 ELISA 试剂盒的研制[J].畜牧兽医科技信息,2010,3:32 - 24.

[10] 龚云飞,王唯芬,张明洲,等.禽类食品中磺胺二甲嘧啶间接竞争 ELISA 检测方法的

建立[J]. 中国畜牧兽医,2011,38(6):55 - 59.

[11] 姚学军,吕艳秋,黄东风,等. 缩短显色时间对间接竞争 ELISA 试验检测磺胺类药物结果的影响[J]. 当代畜牧,2017,11:42 - 43.

实验五　微分电位溶出法快速检测食品中的重金属残留

一、目的和要求

(1) 了解微分电位溶出法的基本原理。
(2) 学会微分电位溶出仪的使用方法。
(3) 了解外标法进行定量分析的原理和方法。
(4) 掌握用微分电位溶出法测定食品中不同重金属含量的方法。

二、实验原理

铅、镉作为一种有害的重金属元素,具有一定的蓄积性,在进入人体后,可由血液进入大脑神经组织,使氧气和营养物质供给不够,从而造成脑组织损伤,同时也会影响人的呼吸系统,严重损坏肺、肾等器官,甚至诱发癌症。有关卫生部资料表明,儿童血液中铅的含量超过 $4.8\,\mu\mathrm{mol} \cdot \mathrm{L}^{-1}$ 时,就会出现智力发育障碍和行为异常。在都市的产业区内,儿童血铅平均水平多为 $9.6\sim 19.2\,\mu\mathrm{mol} \cdot \mathrm{L}^{-1}$,儿童铅中毒的流行率多在 85% 以上,这比西方发达城市还要高。因此,研究食品中重金属铅、镉含量否超标是一件迫在眉睫的事情。

目前,国家标准规定食品中重金属的测定方法主要有石墨炉原子吸收光谱法、萃取火焰原子吸收光谱法、二硫腙比色法、氢化物原子荧光光谱法、电感耦合等离子体原子发射光谱法、阳极溶出伏安法等。在这些方法中,石墨炉原子吸收、火焰原子吸收和电感耦合等离子体原子发射虽然具有灵敏度高、检测限低的特点,但它们所使用的是大型仪器,且样品前处理步骤复杂、耗时长,不适合现场快速检测。而阳极溶出伏安法具有仪器便宜,操作简便等优点,易于推广,将其应用于食品中重金属的测定已经有了很多报道。但其采用的是三电极体系,最大的缺点就是电极的处理用时过长。针对以上问题,微分电位溶出法则完全可以满足现场快速检测的需求。

1. 微分电位溶出法

微分电位溶出法作为一种新的电化学方法,它采用一次性丝网印刷电极,极大地减少了处理电极的时间。其优势在于灵敏度较高,重现性较好,操作简便,设备便宜,易于携带,方便在户外检测。电位溶出法是在恒电位下被测物质预先电解富集在汞电极上形成汞齐,然后在阳极上氧化而溶出,用溶液中的氧化剂氧化电极上的电积物溶出,记录电位—时间关系曲线。常规的电位溶出法形成的 E-t 曲线,被测元素浓度大小决定了阶梯平台的长度,不适合数据处理分析。而微分电位溶出(DPSA)能对电位溶出信号平台做微分化处理,得到峰电位和峰高。与常规电位溶出法相比,微分电位溶出法(dt/dE)-E 曲线呈峰形,能有效增加信噪比,提高灵敏度。鉴于不同重金属元素的峰电位是不同,根据溶出的峰电位的位置即可判断出具体的重金属元素,故峰电位用于定性;溶出峰的峰高与重金属离子浓度在一定的浓度范围内呈线性关系,根据溶出的峰高而得到重金属离子浓度,用于定量。电位溶出法由于通过电解富集的方法,因此能够检测更低的浓度。

2. 外标法

根据不同情况,可选用不同的定量方法。外标法是在一定的操作条件下,用纯组分或已知浓度的标准溶液配制一系列不同含量的标准溶液进行测量,根据峰高对溶液浓度做标准曲线。在相同操作条件下,依据样品的峰高,由标准曲线确定其含量。

本实验用去离子水超声提取法对蔬菜等固体食品进行前处理,用酸化法对牛奶等液体食品进行前处理;用移液枪准确移取样液和底液混合均匀于微分电位溶出仪上测量,记录峰高,由标准曲线计算出重金属的浓度。

三、仪器与试剂

1. 仪器

DPSA-15 重金属检测仪;一次性丝网印刷电极(如图 4-1 所示);KH-400KDB 型数控超声波清洗器;分析天平(感量 0.0001 g);真空干燥箱;榨浆机;布氏漏斗;锥形瓶;50 mL 烧杯;5 mL 量筒;25 mL、250 mL 容量瓶;玻璃棒;聚四氟乙烯内罐;称量纸。

2. 试剂

镉粒、铅粉、醋酸汞、氯化钾、过氧化氢、草酸铵、浓硝酸、活性炭、去离子水。

底液:① 称 0.0095 g 的醋酸汞,加入硝酸使之完全溶解。② 称 18.6375 g 的氯化钾,加入适量的去离子水使之完全溶解(也可适当地加入稀硝酸)。③ 称 3.5528 g 的草酸铵,加入适量的去离子水使之完全溶解(也可适当地加入稀硝酸),④ 最后将上述配制的溶液全部转移至 250 mL 的容量瓶中,调节 pH＝2~3,后定容。

1 mg/mL 铅标准储备液:准确称取 0.2500 g 的铅粉置于 50 mL 烧杯中,用适量稀硝酸溶解至完全,转移至 250 mL 的容量瓶中,调节 pH＝1~2,后定容。

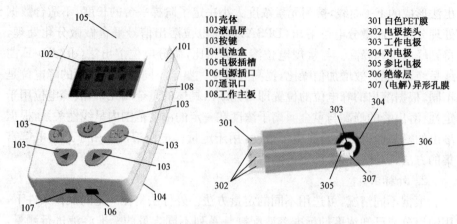

101 壳体　　　　301 白色PET膜
102 液晶屏　　　302 电极接头
103 按键　　　　303 工作电极
104 电池盒　　　304 对电极
105 电极插槽　　305 参比电极
106 电源插口　　306 绝缘层
107 通讯口　　　307 (电解)异形孔膜
108 工作主板

图 4-1　重金属检测仪和丝网印刷电极的实物图

1 mg/mL 镉标准储备液:按铅标准储备液方法配制。

3. 材料

蔬菜食品(茼蒿)、液态食品(牛奶)。

四、实验步骤

1. 重金属标准曲线绘制

用移液枪分别准确吸取 1 mg/mL 的铅标准储备液 0.0025 mL、0.005 mL、0.0075 mL、0.010 mL、0.0125 mL,置于 5 个 25 mL 的容量瓶中,调节溶液 pH=2~3,定容,分别移取 100 μL、300 μL、400 μL、500 μL、800 μL 上述配好的溶液于一次性离心管中,按 4:1 比例向离心管中加入 400 μL、1200 μL、1600 μL、2000 μL、3200 μL 的底液,充分混合后,再用移液枪取 50 μL 混合液滴在丝网印刷电极,选择待测铅元素,等待响应 3 min,记录峰高,得出标准曲线图。镉的标准曲线按相同方法得到。

2. 样品的前处理

① 蔬菜食品的前处理方法:以茼蒿为代表,用分析天平准确称取 5.000 g 的蔬菜匀浆,加入 20 mL 的去离子水后,移入 50 mL 的小烧杯中,放在数控超声波清洗器上进行超声提取,设定超声提取的温度为 40 ℃,超声提取的功率为 40 kHz,设定超声提取的时间为 5 min,超声提取完毕,加入适量的活性炭吸附蔬菜中的有机物,最后过滤至无色澄清溶液,移至 25 mL 的容量瓶中,定容。按相同方法做空白实验。

② 液态食品的前处理方法:以牛奶为代表,用分析天平准确称取 1.0000 g 牛奶置于聚四氟乙烯内罐中,加入 2 mL 浓硝酸放置过夜。第二天,向其中加

入 2 mL 过氧化氢(注意其总量不可超过容器的 1/3)。盖好容器,放入恒温干燥箱,在 120 ℃下恒温干燥 3 h,待其在箱内自然冷却后取出,转移至 25 mL 容量瓶中,用蒸馏水少量多次洗涤内罐,继续转移至容量瓶中,最后定容至刻度线,摇匀备用。按相同方法做空白实验。

3. DPSA‐15 微量元素检测仪开机

(1) 打开仪器的开机键,听到响应声后,显示屏出现亮屏表示开机成功。

(2) 进入仪器系统进行操作,选择所要检测重金属的种类。

(3) 设置实验条件,进行针对性的参数设置,本实验中设置富集电位:−1.0 V,富集时间:3 min,停止电位:0.2 V。

(4) 记录样品对应峰高,做相关数据处理。

(5) 清理仪器后,关闭仪器。

4. 样品的测定

取前处理好的茼蒿溶液 500 μL 加入 2000 μL 的底液于小烧杯中充分混合,再用移液枪取 50 μL 滴在丝网印刷电极,选择待测铅元素或镉元素,等待响应 3 min,记录峰高,对照标准曲线图计算出铅含量或镉含量,平行实验三次。牛奶样品按相同方法得到铅含量或镉含量。

五、实验数据处理

1. 绘制标准曲线

以质量浓度为横坐标,峰高为纵坐标,绘制标准曲线,得到线性回归方程和相关系数。

表 4‐1　各标液的峰高记录

编号	铅浓度 C(μg/L)	峰高 H(mm)	镉浓度 C(μg/L)	峰高 H(mm)
1				
2				
3				
4				
5				
线性回归方程				
相关系数				

2. 根据标准曲线计算样品中铅或镉的含量

表 4－2 样品中重金属含量的测定

样品	测定次数	峰高 H (mm)	铅含量 (mg/kg)	峰高 H (mm)	镉含量 (mg/kg)	铅含量 RSD(%)	镉含量 RSD(%)
茼蒿	1						
	2						
	3						
牛奶	1						
	2						
	3						

六、注意事项

1. 微量元素检测仪在使用中脏污外表,可以用棉布沾润清水(非湿透)擦拭仪器外壳,避免使用任何腐蚀性液体来清洁微量元素检测仪。

2. 请小心保存 DPSA－15 微量元素检测仪,避免置于高温、潮湿的环境。

3. 为了避免重金属的二次无染,请将实验中所产生的废液倒入废液桶中,集中处理。

七、思考题

1. 与其他电化学方法相比,微分电位溶出法有什么优点?

2. 除了本实验中蔬菜和液态食品所涉及的提取方法外,是否还有其他方法?

3. 用外标法进行定量分析有哪些优点?

参考文献

[1] 利健文,韦寿莲,刘永. 超声辅助离子液体分散液相微萃取石墨炉原子吸收光谱法测定食品中铅镉[J]. 中国食品添加剂,2018,04:196－200.

[2] 刘少伟,阮赞林."铅"变万化—万变不离其宗—食品中重金属铅的危害[J]. 知识园地. 2013,23:31－32.

[3] 曹秀,珍曾婧. 我国食品中铅污染状况及其危害[J]. 公共卫生与预防医学. 2014,25 (6):77－79.

[4] 李向力,王法云,章建,竹磊,关炳峰. 蔬菜干制品中铜含量的微分电位溶出检测技术研究[J]. 中国调味品,2014,39(08):104－105＋114.

［5］李向力,王永,王法云,章建军,武军. 基于微分电位溶出分析技术的面制品中砷含量的快检方法[J]. 河南科学,2013,31(09):1355 - 1357.

［6］滕晓焕,章建军. 微波消解—微分电位溶出法测定淡水鱼中镉含量[J]. 广东轻工职业技术学院学报,2011,10(04):17 - 19.

［7］徐红颖,包玉龙,王玉兰,常见蔬菜中重金属铅、镉、铬、砷含量测定[J]. 食品研究与开发,2015,36(3):85 - 89.

［8］张祖训,周琦,电位溶出分析法的理论和验证[J]. 化学学报,1983,41(5):403 - 409.

［9］张寿松;杨洁,电位溶出时间方程式及其实验验证[J]. 分析化学,1983,7:495 - 499.

［10］韩立志. 酱油中铅含量测定的前处理方法探讨[J]. 中国调味品. 2008,10:86 - 87.

第五章　实验室现代分析仪器检测实验

实验一　毛细管气相色谱法测定酒样中的甲醇

一、目的和要求

1. 了解气相色谱法在酒品质量控制中的应用。
2. 掌握毛细管气相色谱法的基本原理。
3. 掌握内标标准曲线法进行色谱定量分析的原理和方法。
4. 学习气相色谱法测定不同酒样中甲醇含量的分析方法。

二、实验原理

在酒的酿造过程中,不可避免地会产生甲醇。甲醇是无色透明的具有高度挥发性的液体,是一种对人体有害的物质。甲醇可在人体内氧化为甲醛、甲酸,具有很强的毒性,对神经系统尤其是视神经损害严重,人食入 5 g 就会出现严重中毒,超过 12.5 g 就可能导致死亡。在酒的发酵过程中,难以将甲醇和乙醇完全分离,因此国家对白酒中甲醇含量做出严格规定。根据食品安全国家标准(GB 2757—2012 蒸馏酒及其配制酒),酒类制品中粮谷类酿造的酒类制品中的甲醇限量为 0.6 g/L,其他原料酿造的酒类的甲醇限量为 2.0 g/L。

气相色谱法是一种高效、快速而灵敏的分离分析技术,具有极强的分离效能。一个混合物样品定量引入合适的色谱系统后,样品被汽化后,在流动相携带下进入色谱柱,样品中各组分由于各自的性质不同,在柱内与固定相的作用力大小不同,导致在柱内的迁移速度不同,使混合物中的各组分先后离开色谱柱得到分离。分离后的组分进入检测器,检测器将物质的浓度或质量信号转换为电信号输给记录仪或显示器,得到色谱图。利用保留值可定性,利用峰高或峰面积可定量。

气相色谱的进样方法主要分为两类:直接进样和顶空进样。直接进样法将待测样品溶液直接注入汽化室进行色谱分析。优点是操作简单、快速,但只适用于比较干净的液体样品,对于含有不能汽化的物质的样品必须通过处理才可进样。顶空气相色谱法按挥发组分的提取方式不同,可分为静态法和动态法。静态顶空法是将待测样品置于密封的顶空瓶中，在一定温度下，顶空瓶内气液两相达到平衡时，此时气相中待测物浓度相对恒定。准确吸取上方气体分析含量。优点在于它采用气体进样，可专一收集样品中的易挥发性成分，与液-液萃取和固相萃取相比既可避免在除去溶剂时引起挥发物的损失，又可降低共提物引起的噪音，具有更高灵敏度和分析速度，对分析人员和环境危害小，操作简便，是一种符合"绿色分析化学"要求的分析手段，同时免除了复杂的样品前处理过程，可用于气体、液体、固体挥发性组分的分析。

目前市场上的酒类产品主要有白酒、啤酒、葡萄酒、保健酒，除了白酒样品可以采取直接进样法进行气相色谱分析之外，其他类型的酒在分析前对样品必须进行蒸馏或多次蒸馏，才可进入色谱仪。顶空气相色谱法适合分析各种酒样中的甲醇。

内标标准曲线法是在一定的操作条件下，用已知浓度的待测物溶液配制一系列不同浓度的标准溶液，并将标准溶液中加入相同浓度的内标溶液，准确进样，根据色谱图中组分的峰面积与内标物面积的比值对组分含量做标准曲线。在相同操作条件下，依据样品中待测组分的峰面积与内标物峰面积的比值，从标准曲线上计算出其相应含量。

本实验蒸馏除去发酵酒及其配制酒中不挥发性物质，加入内标（0 酒精、蒸馏酒及其配制酒直接加入内标），经气相色谱分离，氢火焰离子化检测器检测，以保留时间定性，内标标准曲线法定量。

三、仪器与试剂

1. 仪器

GC2010 型气相色谱仪（日本岛津），配有氢火焰离子检测器；H-500 型氢气发生器；高纯氮气；空气；5 μL 微量进样针、10 mL 顶空进样针（安捷伦）；5 mL、10 mL、25 mL、500 mL 容量瓶；100 mL 圆底烧瓶；直形冷凝管；50 mL 移液管；移液枪（20 μL～200 μL）；HH-2 数显恒温水浴锅。

2. 试剂

甲醇、乙酸丁酯、无水乙醇皆为色谱纯；实验用水均为实验室自制二次去离子水；市售白酒、药酒、葡萄酒、米酒、大麦酒。

四、实验步骤

1. 标准溶液的配制

准确移取 0.20 mL 甲醇（密度 0.7918 g/mL）于 10 mL 容量瓶用 60％乙醇溶液定容至刻度线混合均匀待用，即为 2％（体积分数）甲醇储备液，浓度为

15.84 mg/mL。准确移取 0.20 mL 乙酸正丁酯(密度 0.8825 g/mL)于 10 mL 容量瓶中,用 60%乙醇溶液定容至刻度线混合均匀待用,即为 2%内标储备液,浓度为 17.65 mg/mL。系列甲醇标准混合溶液的配制:分别准确移取 20 μL、40 μL、80 μL、160 μL、320 μL 2%甲醇储备液于 10 mL 容量瓶中并逐一加入 0.10 mL 2%内标储备液用 60%乙醇定容,摇匀,待测。

2. 直接进样法酒样前处理

用 50.00 mL 移液管准确量取 50.00 mL 葡萄酒于 100 mL 圆底烧瓶中,用适量二次蒸馏水分三次润洗移液管,润洗液并入圆底烧瓶中,再放入几粒磁力搅拌子,连接冷凝管,用 50 mL 的容量瓶作接收器。蒸馏完成,在 4 ℃冰箱保存待用。药酒、米酒、大麦酒前处理方法和葡萄酒相同。

3. 色谱条件

3.1 直接进样法

色谱柱:Rtx-5 型(30 m×0.32 mm×0.25 μm)熔融石英毛细管柱;柱流量:1 mL/min;

载气:氮气,(纯度>99.999%),流量为 20 mL/min;

进样口温度:240 ℃;

程序升温:柱温 35 ℃保持 4 min,以 5 ℃/min 升温至 120 ℃;再以 50 ℃/min 升温至 210 ℃;

检测器温度:220 ℃;分流比:50∶1;

助燃气:空气,流量为 350 mL/min;

燃烧气:氢气(纯度>99.999%),流量为 35 mL/min;

进样体积为 0.30 μL。

3.2 顶空进样法

色谱柱:Rtx-5 型(30 m×0.32 mm×0.25 μm)熔融石英毛细管柱;

载气:氮气,(纯度>99.999%),流量为 20 mL/min;

柱流量:1 mL/min;

进样口温度:220 ℃;

检测器温度:250 ℃;分流比:50∶1;进样体积为 1 mL;

程序升温:柱温 40 ℃保持 8 min,以 5 ℃/min 升温 100 ℃;再以 40 ℃/min 升温至 180 ℃保持 4 min;

助燃气:空气,流量为 350 mL/min;

燃烧气:氢气,(纯度>99.999%),流量为 35 mL/min;

顶空进样条件:移取 2.00 mL 样品溶液,顶空瓶加热温度 80 ℃,平衡时间 20 min,进样体积 1.00 mL。

4. 色谱分析

4.1 定性分析

按 3.1 和 3.2 的色谱条件分别进甲醇、乙酸丁酯得到甲醇和乙酸丁酯的色谱图,记录各自的保留时间,标出色谱图中各峰的归属,甲醇标准溶液(含乙醇和内标)的色谱图如图 5-1、5-2 所示。

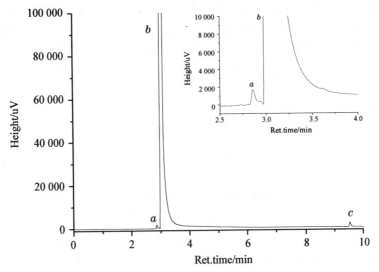

图 5-1 甲醇标准溶液的色谱图(直接进样法)

峰 a:甲醇;峰 b:乙醇;峰 c:乙酸正丁酯

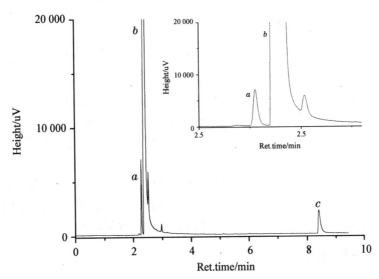

图 5-2 甲醇标准溶液的色谱图(顶空进样法)

峰 a:甲醇;峰 b:乙醇;峰 c:乙酸丁酯

4.2　内标标准曲线的绘制

直接进样法:分别移取标准溶液 0.30 μL 依次进样,记录色谱图,根据保留时间进行定性分析,记录甲醇和内标的面积,并以甲醇与内标的面积的比值对甲醇的浓度进行线性回归,得到线性回归方程(含相关系数)。

顶空进样法:分别移取标准溶液 2.00 mL 置于顶空瓶中加入 0.10 mL 2‰内标储备液,加盖,压紧摇匀后以 80 ℃水浴加热 20 min,顶空进样针吸取 1.00 mL 瓶内上层气体进样分析,记录色谱图。根据保留时间进行定性分析,记录甲醇和内标的面积,并以甲醇与内标的面积的比值对甲醇的浓度进行线性回归,得到线性回归方程(含相关系数)。

4.3　样品分析

直接进样法:准确移取蒸馏处理后酒样 10.00 mL 加入 0.10 mL 2‰内标储备液,摇匀,待测。移取 0.30 μL 进样分析,记录色谱图,根据保留时间定性分析,记录甲醇和内标的面积,计算甲醇与内标的面积比值,代入直接进样法中的内标标准曲线的线性回归方程计算酒样中甲醇的含量。

顶空进样法:准确移取未处理酒样 10.00 mL 加入 0.10 mL 2‰内标储备液,摇匀。移取 2.00 mL 至顶空瓶中加盖,压紧摇匀后以 80 ℃水浴加热 20 min。待仪器基线稳定,顶空进样针吸取 1.00 mL 瓶内上层气体进样分析,记录色谱图。根据保留时间定性分析,记录甲醇和内标的面积,计算甲醇与内标的面积比值,代入顶空进样法中的内标标准曲线的线性回归方程计算酒样中甲醇的含量。

五、数据记录与处理

1. 给出甲醇标准溶液(含内标)的色谱图,并确定色谱图中甲醇、乙酸丁酯色谱峰。

2. 根据 4.3.2 内标标准曲线绘制的实验方法,以表格的形式分别记录直接进样法和顶空进样法中各标准溶液色谱图中甲醇和内标的面积,并计算甲醇与内标的面积比值,根据这两个表格分别绘制内标标准曲线,进行线性回归,得到直接进样法与顶空进样法的线性回归方程。

3. 分别给出直接进样法和顶空进样法测定同一酒样的色谱图,记录色谱图中甲醇和内标的面积,并计算甲醇与内标的面积比值,带入相应的线性回归方程,计算酒样中的甲醇含量,并判断该酒样甲醇含量是否超标。

六、注意事项

顶空进样必须用气密性进样针,且吸取样品后需要尽快进样。

七、思考题

1. 比较直接进样法与顶空进样法对同一酒样的测定结果,判断两种方法的测定结果是否有显著性差异?

2. 测定白酒样品是不是一定需要蒸馏处理,能否直接吸取白酒样品进行色谱分析? 为什么?

参考文献

[1] 申科敏,胡晓琴. 顶空进样—毛细管柱气相色谱法测定酒中甲醇的含量[J]. 食品与药品,2016,18(5):358 - 360.

[2] 中华人民共和国国家卫生和计划生育委员会,国家食品药品监督管理总局. GB5009. 266 - 2016 食品安全国家标准食品中甲醇的测定[S]. 2016. 12.

[3] 孟雄飞,彭加强,寸宇智,杨卫花,赵浩军. 气相色谱法同时测定酒中的甲醇、乙酸乙酯、己酸乙酯等 10 种成分[J]. 云南化工,2017,44(4):66 - 70.

实验二　高效液相色谱法检测生鲜食品中的硝基呋喃残留

一、目的和要求

1. 学会使用高效液相色谱仪测定鸡肉中的硝基呋喃残留。
2. 掌握加标回收率实验的方法及计算方法。
3. 学会使用外标法色谱定量方法。

二、实验原理

呋喃唑酮,通用名称:痢特灵;英文名称 Furazolidone;化学名称:3－(5－硝基糠醛缩氨基)-唑烷酮;分子式:$C_8H_7O_5N_3$;相对分子质量:225.16。

呋喃它酮,别名:呋吗唑酮;英文名称 Furaltadone;化学名称:5－(4－吗啉基甲基)－3－(5－硝基－2－呋喃亚基氨基)－2－恶唑啉酮;分子式:$C_{13}H_{16}N_4O_6$;相对分子质量:324.29。

硝基呋喃类药物因为价格较低且效果好,从而广泛应用于畜禽及水产养殖业,以治疗由大肠杆菌或沙门氏菌引起的肠炎、疥疮、赤鳍病、溃疡病等。由于硝基呋喃类药物及其代谢对人体有致癌、致畸胎副作用,个别国家已经禁止硝基呋喃类药物在畜禽及水产动物食品中使用,并严格执行对水产品中硝基呋喃的残留检测。中华人民共和国农业部于 2002 年 12 月 24 日发布的公告第 235 号及于 2005 年 10 月 28 日发布的公告第 560 号,硝基呋喃类药物为在饲养过程中禁止使用的药物,在动物性食品中不得检出。自此,在动物饲养过程中使用硝基呋喃类药物成为非法行为。硝基呋喃类抗生素对光敏感,在动物体内代谢很快,半衰期一般为几个小时,因此,准确检测动物组织中硝基呋喃母体药物是比较困难的,也不足以反映其真实的残留水平。但其代谢物则会以结合态形式在体内残留较长时间,是硝基呋喃类药物的标记残留物。

由于高效液相色谱法准确、稳定、高效,因此高效液相色谱法成为硝基呋喃类药物检测的重要的分析方法。

三、仪器与试剂

1. 仪器

安捷伦高效液相色谱仪(配 DAD 检测器);超声清洗器;电子天平(感量0.0001 g);旋转蒸发仪;循环水式多用真空泵;微型涡旋混合仪;Supel clean

ENVI - 18 SPE 柱;微孔滤膜(0.22 μm)。

2. 色谱条件

C18 柱,150 mm×4.6 mm,粒度 5 μm;流动相:乙腈:0.3%乙酸(20∶80);流速:1.0 ml/min;检测波长:365 nm;柱温:25 ℃。

3. 试剂

市售新鲜鸡肉、呋喃它酮(色谱纯)、98%呋喃唑酮(色谱纯)、乙腈(色谱纯)、无水硫酸钠(分析纯)、0.3%乙酸(分析纯)、正己烷(分析纯)、乙酸乙酯(分析纯)、甲醇(色谱纯),去离子水。

四、实验步骤

1. 标准溶液的配制

1.1　呋喃唑酮、呋喃它酮标准溶液的配制

称取呋喃唑酮、呋喃它酮药品各 10 mg(精确到 0.0001 g),用少量乙腈溶解后,再用甲醇稀释并定容至 100 mL 棕色容量瓶中,在冰箱中冷藏保存,保存期一个月。该液中含呋喃唑酮、呋喃它酮 100 μg/mL。使用前,量取呋喃唑酮、呋喃它酮标准液,用流动相稀释成浓度为 1 μg/mL 的标准工作液。

1.2　呋喃唑酮、呋喃它酮标准曲线的绘制

分别取呋喃它酮、呋喃唑酮浓度为 2.00、4.00、6.00、8.00、10.00、12.00 μg/mL 标准溶液各 20 μL,在上述色谱条件下进样检测。根据色谱图以峰面积为纵坐标,以浓度为横坐标,线性拟合,绘制标准曲线,得到线性回归方程。

2. 样品前处理

取新鲜鸡肉切成细小颗粒,冷冻保存备用。

2.1　提取

称取 10 g(精确到 0.0001 g)处理好的样品于烧杯中,加入 10 g 无水硫酸钠和 40 mL 乙腈搅匀分散后,超声萃取 10 min,5000 r/min 离心 5 min,取上层清液于棕色分液漏斗中,沉淀物加入 20 mL 乙腈涡旋 3 min,超声萃取10 min,5000 r/min 离心 5 min,取上清液合并于棕色分液漏斗中,加入经乙腈饱和的正己烷 25 mL 于棕色分液漏斗中,振提 3 min,去掉正己烷层,滤液置于蒸发烧瓶中,滤液于旋转蒸发仪上在 45 ℃以下旋转蒸发去除溶剂,蒸发速度控制在 2 mL/min。

2.2　活化小柱

小柱临用前,先用 3 mL 乙酸乙酯和 3 mL 甲醇 3 min 内匀速流过小柱使其活化,再用 5 mL 纯水淋洗后即可使用。

2.3 净化

用 2.0 mL 流动相溶解残渣并充分洗涤蒸发烧瓶,将液体移入经活化的小柱净化,3 mL 乙酸乙酯洗脱待测分析物,洗脱液加入蒸发烧瓶旋转至近干,残渣用 1 mL 流动相溶解定容至 10 mL,经 0.22 μm 膜孔滤器过滤后进行 HPLC 分析。同时取乙腈不加试样外,按上述步骤操作进行空白试验。

3. 回收率的测定

采用加标法测定回收率,取 6 份 10 g 经粉碎后的鸡肉,分别加入呋喃唑酮 4.00、8.00、10.00 mg/L(1 mL、2 mL)标准溶液,经过上述提取和净化的步骤,最后上机检测。

4. 检出限

取浓度为 1 mg/L 呋喃唑酮、呋喃它酮标准溶液各 20 μL 进样,测定,然后逐级稀释,进样测定,直到呋喃唑酮、呋喃它酮主峰的峰高是周边基线噪音的 3 倍,则此时的浓度为呋喃唑酮、呋喃它酮的检出限,平行 3 次。

五、数据记录与处理

1. 标准曲线的绘制

表 5-1　呋喃它酮标准曲线的有关数据

呋喃它酮的浓度 mg/L	2.00	4.00	6.00	8.00	10.00	12.00
峰面积						

表 5-2　呋喃唑酮工作曲线的有关数据

呋喃唑酮的浓度 mg/L	2.00	4.00	6.00	8.00	10.00	12.00
峰面积						

鸡肉中呋喃它酮、呋喃唑酮含量的计算:根据标准曲线计算。(注意有空白实验,计算时需要去除)

2. 鸡肉中呋喃唑酮、呋喃它酮残留的 HPLC 检测:用鸡肉色谱图与空白样图进行比较,判断是否还有残留。

3. 回收率实验

表 5－3　呋喃它酮加标检测回收率实验的有关数据

加标呋喃它酮的浓度 mg/L	4.00		8.00		10.00	
加标量/mL	1.00	2.00	1.00	2.00	1.00	2.00
鸡肉　进样量/μL	20	20	20	20	20	20
峰面积						
回收率%						

表 5－4　呋喃唑酮加标检测回收率实验的有关数据

加标呋喃唑酮的浓度 mg/L	4.00		8.00		10.00	
加标量/mL	1.00	2.00	1.00	2.00	1.00	2.00
鸡肉　进样量/μL	20	20	20	20	20	20
峰面积						
回收率%						

4. 检出限：由实验测出呋喃唑酮、呋喃它酮的检出限分别为多少。

六、注意事项

1. 实验过程中使用的无水 Na_2SO_4 必须经过高温灼烧，否则影响除水效果。

2. 正己烷必须用乙腈饱和，否则造成样品除脂时流失，导致测定结果不准确。

3. 在浓缩溶液时，速度勿快，否则导致呋喃唑酮、呋喃它酮被蒸汽带出，导致测定结果偏低。

4. 蒸发速度控制在 2 mL/min，温度在 45 ℃以下。

5. 硝基呋喃类药物在高温、光线、空气暴露等条件下，会部分降解，故实验过程中，尽可能避光，室温小于 25 ℃条件下操作。

6. 所用器皿应尽可能采用棕色，标准溶液和样品在冷藏、避光条件下保存，样品应尽快分析。

七、思考题

1. 本实验采用了什么方法来进行样品前处理的，还可以使用哪些方法来处理样品？

2. 本实验采用了高效液相色谱法来测定，还可以有哪些技术来测定？

实验三　高效液相色谱法检测饮品中的塑化剂残留

一、目的和要求

1. 了解塑化剂对人体的危害。
2. 学会使用高效液相色谱仪测定饮品中的塑化剂残留。
3. 掌握加标回收率实验的方法及计算。

二、实验原理

随着食品工业的迅猛发展,食品添加剂在人们生活中发挥的作用日益显著。近年来,食品安全屡遭质疑,人们对食品中塑化剂添加含量的检测提出了更高的要求。塑化剂是被非法添加到食品中的化工原料,它所替代的起云剂原本是食品合法添加剂,主要以精制棕油为主,但棕桐油成本高,制造商为降低成本,加入塑化剂代替棕桐油。长期食用塑化剂会引起生殖系统异常,甚至造成畸胎、癌症。2011 年,"起云剂"事件在台湾闹得沸沸扬扬,被称为 30 年来,台湾最严重的食品安全事件,当地媒体将其比作台湾版的"三聚氰胺"事件。塑化剂的毒性比三聚氰胺强 20 倍,成人每天承受量为 1.2 毫克,一个人喝一杯 500 mL 掺了塑化剂的饮料,就达到了承受的上限。所以,塑化剂的检测日益受到广泛关注与重视。

下文采用高效液相色谱法对奶茶中塑化剂含量进行检测。

高效液相色谱法 HPLC 是 20 世纪 60 年代 70 年代初发展起来的一种新型分离分析技术,经不断地改进和发展,目前已成为应用极为广泛的化学分离分析的重要手段。高效液相色谱仪一般可分为 4 个主要部分:高压输液系统(储液器、高压泵、脱气器),进样系统,分离系统和检测系统,此外还配有辅助装置:如梯度洗脱、自动进样及数据处理等。其工作流程是:首先高压泵将储液器中流动相溶剂经过进样器送入色谱柱,然后从控制器的出口流出。当注入欲分离的样品时,流经进样器的流动相将样品同时带入色谱柱进行分离,然后依先后顺序进入检测器,记录仪将检测器送出的信号记录下来,由此得到液相色谱图。高效液相色谱法在食品安全性检测和分析方面应用范围很广,具有分离效率高,速度快,流动相可选择范围宽,灵敏度高,流出组分容易收集的优点,既可用于定性,也可用于定量。利用高效液相色谱的优点对奶茶中塑化剂含量进行研究。

三、仪器与试剂

1. 仪器

安捷伦高效液相色谱仪（配 DAD 检测器）；超声波清洗机；电子天平（感量 0.0001 g）；高速离心机；Supelclean ENVI - 18 50×3 mL tubes，60 mg 小柱；微型旋涡混合仪；250 mL 容量瓶。

2. 试剂

邻苯二甲酸二丁酯（DBP）（分析纯），邻苯二甲酸二乙酯（DEP）（分析纯），正己烷（分析纯），甲醇（色谱纯），奶茶，实验用水为二次去离子水。

3. 色谱条件

C18 柱（5 μm，150 mm×4.6 mm）；流动相：甲醇：水（85：15）；流速：1.0 mL/min；进样量：20 μl；检测波长：230 nm。

四、实验步骤

1. 标准储备液的配制

分别称取塑化剂标准品（DEP 和 DBP）各 0.2500 g，用甲醇溶解后定容至 250 mL 容量瓶中，摇匀，配成总浓度均为 1.000 g/L 的塑化剂标准品溶液。

2. 混合标准溶液的配制

称取塑化剂标准品（DEP 和 DBP）各 0.2500 g，用甲醇溶解后定容至 250 mL 容量瓶中，摇匀，配成同浓度的含有塑化剂的混合标准品溶液。

3. 标准曲线的绘制

将塑化剂标准储备液配成浓度分别是 0.16、0.32、0.48、0.64、0.80 mg/L 的标准溶液，经 0.22 μm 滤膜过滤后，取 20 μL 注入色谱仪，测定峰面积，以峰面积对浓度（mg/L）作标准曲线。

4. 饮料前处理

4.1　净化

活化：依次加入 5 mL 丙酮，5 mL 正己烷，弃去流出液。

4.2　提取

移取样品 5.00 mL 于试管中，加入 3 mL 正己烷，涡旋 2 min，以不低于 4000 r/min 的转速离心 1 min，将上清液转移至洁净的试管中，再以 2 mL 正己烷重复提取 2 次，合并三次上清液，40 ℃下氮气吹至 2 mL，待净化。

（向小柱中加入 1 g 无水硫酸钠）

上样：加入待净化液，流速控制在 1 mL/min 内；

洗脱：依次加入 5 mL 正己烷、5 mL 4%丙酮-正己烷溶液，收集流出液，在 40 ℃的温度,缓慢氮气流条件下吹至近干(约 0.5 mL)后挥干,甲醇定容至 1 mL,取 20 μL 供 HPLC 检测(如含有少量油滴,离心后取清液进行检测)。

5. 回收率测定

在空白样品处理后添加 3 个不同量的标准混合溶液,前处理及分析方法如饮料前处理中所述。

6. 检出限

以样品被测组分峰高为基线噪音的 3 倍时的浓度为最低检出浓度(检出限)。

五、数据记录与处理

1. 标准曲线的绘制

表 5 - 5　DBP 标准曲线的有关数据

DBP 的浓度 mg/L	0.16	0.32	0.48	0.64	0.80
峰面积					

2. 含量计算:根据标准曲线计算

表 5 - 6　DEP 标准曲线的有关数据

DEP 的浓度 mg/L	0.16	0.32	0.48	0.64	0.80
峰面积					

3. 加标回收率

表 5 - 7　DBP 的回收实验

本底值/g	加标值/μg	测量值/μg	回收率%
0	0.8		
0	2		
0	4		
0	0.8		
0	2		
0	4		

4. 检出限:由实验得出塑化剂的检出限。

六、注意事项

1. 常用的溶剂有三氯甲烷、甲醇和乙醇等。由于三氯甲烷毒性较大,且对色谱柱有一定的损伤作用,乙醇溶液对于标准品溶出效果不佳,故本实验选择甲醇作溶剂。

2. 实验过程中使用的无水 Na_2SO_4 必须经过高温灼烧,否则影响除水效果。

七、思考题

1. 自行查找国家规定食品添加剂中 DBP 及 DEP 的最大残留量是多少,判断实验所测得样品中 DBP 及 DEP 是否超出国家规定的限值。

2. 除了本实验所用的高效液相色谱法测定外,还有哪些技术可以测定?

实验四　固相萃取-高效液相色谱法测定
奶粉中三聚氰胺的含量

一、目的和要求

1. 学会使用固相萃取的前处理技术。
2. 学会使用高效液相色谱仪测定奶粉中三聚氰胺。
3. 掌握加标回收率实验的方法及计算方法。

二、实验原理

2008 年奶制品污染事件是中国发生的一起影响范围很广的食品安全事故。经国家有关部门调查确认是奶制品厂商在婴儿奶粉中添加了大量的有"假蛋白"之称的三聚氰胺,从而造成奶制品蛋白含量虚高的假象。而食用过一段时期含三聚氰胺的奶粉后,婴幼儿产生了肾结石病症,呈现出病态的"大头宝宝"现象。

三聚氰胺本身毒性较小,1994 年国际化学品安全规划署和欧洲联盟委员会合编的《国际化学品安全手册》第三卷和国际化学品安全卡片说明:长期或反复大量摄入三聚氰胺可能对肾与膀胱产生影响,导致产生结石。所以如何有效检验出奶制品是否含有三聚氰胺十分关键。

本实验采用高效液相色谱仪,以乙腈和缓冲液作为流动相,三氯乙酸提取样品,吹干后用流动相溶解并定容、进样,用紫外检测器检测。

三、仪器与试剂

1. 仪器

安捷伦高效液相色谱仪(配 DAD 检测器);电子天平(感量 0.0001 g);超声波清洗机;微型涡旋混合仪;高速离心机;氮气吹干仪;具塞塑料离心管;微孔滤膜:0.45 μm;萃取小柱 supelco C18 固相萃取小柱,Polymer SCX Box,50x 3 mL tubes,60 mg(Agilent Technologies);阳离子交换固相萃取柱(混合型阳离子交换固相萃取柱,基质为苯磺酸化的聚苯乙烯—二乙烯基苯高聚物,60 mg,3 mL。使用前依次用 3 mL 甲醇、5 mL 水活化);C18 柱;定性滤纸。

3. 试剂

三聚氰胺(化学纯,≥98.5%);甲醇:色谱纯;乙腈:色谱纯;氨水:含量为

25％～28％;三氯乙酸;柠檬酸;辛烷磺酸钠:色谱纯;水:二次蒸馏水。

甲醇水溶液:准确量取 50 mL 甲醇和 50 mL 水,混匀后备用;

三氯乙酸溶液(1％):准确称取 10 g 三氯乙酸于 1 L 容量瓶中,用水溶解并定容至刻度,混匀后备用;

氨化甲醇溶液(5％):准确量取 5 mL 氨水和 95 mL 甲醇,混匀后备用;

离子对试剂缓冲液:准确称取 2.10 g 柠檬酸和 2.16 g 辛烷磺酸钠,加入约 980 mL 水溶解,调节 pH 至 3.50 后,定容至 1 L 备用。

3. 色谱条件

C18 柱(5 μm,150 mm×4.6 mm);流动相:乙腈＋缓冲溶液(15＋85);流速:1.0 mL/min;进样量:20 μl;检测波长:240 nm。

四、实验步骤

1. 标准储备液的配制

分别称取三聚氰胺 0.1004 g,用流动相配制,定容于 100 mL 容量瓶,配成 100 μg/mL 标准储备液。

2. 配制系列标准溶液

将标准储备液用流动相逐级稀释至 0.05 μg/mL、0.10 μg/mL、0.25 μg/mL、0.50 μg/mL、1.00 μg/mL、5.00 μg/mL、10.00 μg/mL、50.0 μg/mL 的系列标准溶液。

3. 样品前处理

3.1　提取

称取奶粉样品 0.5000 g,加入 4.5 mL1％三氯乙酸提取液和 1 mL 的乙腈,充分混匀,超声 10 min,经微型涡旋仪 5 min。然后将溶液转移至 10 mL 离心管中,用 8000 rpm/min 离心 20 min,上清液经三氯乙酸溶液润湿的滤纸过滤后,用三氯乙酸溶液定容至 25 mL,移取 5 mL 滤液,加入 5 mL 水混匀后做待净化液。

3.2　净化(SCX 小柱,60 mg/3 mL)

(1)活化及平衡:3 mL 甲醇,5 mL 水;

(2)上样:加入提取液 10 mL;

(3)淋洗:3 mL 水,3 mL 甲醇,弃去淋洗液并将小柱抽干;

(4)洗脱:6 mL 5％氨化甲醇(v/v)洗脱;

(5)浓缩:50 ℃,氮气吹干,用流动相定容至 1 mL,HPLC 分析。

4. 加标回收率实验

采用加标测定回收率。取 3 种空白样品各 3 份,分别加入一定量的混合标准使用液。经过同样的样品前处理及分析步骤,得到加标奶粉色谱图。

5. 检出限实验

以基线噪声三倍峰面积对应的三聚氰胺最低检测限为检出限。

五、数据记录与处理

1. 标准曲线的绘制

表 5 - 8

浓度 ($\mu g/mL$)	0.05	0.10	0.25	0.50	1.00	5.00	10.00	50.0
峰面积								

以峰面积对浓度($\mu g/mL$)作标准曲线。

2. 含量计算:根据标准曲线计算加标回收率

表 5 - 9　三聚氰胺的回收率

样品	添加量(mg)	实测值(mg)	回收率(%)	平均回收率(%)
奶粉	0.1000			
	0.0500			
	0.0250			

3. 检出限:三聚氰胺的检出限为多少。

4. 判断含量是否合格。

六、注意事项

1. C18 柱与 Polymer SCX 柱对三聚氰胺的前处理,发现 C18 对样品的保留作用效果十分差。经其处理的含三聚氰胺的样品,同比过 Polymer SCX 柱的信号,弱了很多。所以选择了 Polymer SCX 柱来做前处理。

2. 流动相是色谱分离中十分重要的影响因素,直接关系分析的灵敏度、检出限,决定着能否将样品的组分洗脱分离。在缓冲液(pH=3.50)与乙腈比例为(85:15)时分离效果好,且峰型对称,出峰时间比较理想。所以离子对试剂缓冲液选择 PH=3.5,与乙腈的比例为 85:15。

七、思考题

1. 三聚氰胺是重要的氮杂环有机化工原料,主要用途是与醛缩合,生成三聚氰胺-甲醛树脂,生产塑料部分亚洲国家也用来制造化肥。那么三聚氰胺为何会出现在食品当中呢?

2. 除了高效液相色谱法,三聚氰胺还有哪些检测方法?

实验五　分散液液微萃取-气相色谱法测定 食品中的防腐剂含量

一、目的和要求

1. 理解气相色谱分析中对测试溶液的要求。

2. 掌握分散液液微萃取-气相色谱法测定食品中山梨酸和苯甲酸的原理和方法。

3. 掌握实际样品加标回收率实验方法。

二、实验原理

利用分散液液微萃取法提取液体食品中的山梨酸和苯甲酸,以弱极性柱分离山梨酸和苯甲酸,FID 为检测器,利用保留时间定性,直接比较法确定样品中所含防腐剂,并确定防腐剂含量。

三、仪器与试剂

1. 仪器

毛细管气相色谱仪,FID;色谱柱:Rtx－5 柱,30 m×ø0. 3 mm,膜厚:0. 25 μm;气相色谱进样针;超声波清洗仪;高速离心机;涡旋震荡仪;容量瓶100 mL、25 mL、5 mL;吸量管 1 mL、5 mL;5 mL 带塞尖底离心管;多功能离心管架;100 μL 移液枪。

2. 色谱条件:Rtx－5 柱,30 m×ø0. 3 mm,膜厚:0. 25 μm

Injection temperature(进样口温度,Ti)＝200 ℃; Injection mode(进样方式):split,分流比:80∶1;Flow control(流量控制):linear velocity;(线速度)载气(N_2,99. 995%);线速:40 cm/s;柱温(Tc)＝145 ℃;检测器温度(T_D)＝200 ℃;H_2:40 mL/min;尾吹气(N_2)40 mL/min;空气:400 mL/min;氢气:40 mL/min;进样量 1 μL(液);H_2 0. 4 MPa;空气 0. 5 MPa。

3. 试剂

浓盐酸(分析纯)、氯化钠(分析纯)、山梨酸(分析纯)、苯甲酸(分析纯)、乙酸乙酯(色谱纯)、二氯甲烷(色谱纯)、邻苯二甲酸乙酯(分析纯)。

四、实验步骤

1. 标准溶液的配制

1.1　苯甲酸、山梨酸储备液的配制

准确称取 0.1000 g 山梨酸和苯甲酸于两个 100 mL 容量瓶中,分别加入约 5 mL 乙醇,超声溶解,用水定容至 100 mL,得到 1 mg/mL 的山梨酸和苯甲酸储备液。

1.2　100 μg/mL 苯甲酸和 100 μg/mL 山梨酸标准溶液的配制

分别吸取 0.50 mL 1 mg/mL 山梨酸和 0.50 mL 和 1 mg/mL 苯甲酸于两个 5 mL 容量瓶中,用 DEA 溶液定容至 5 mL。

1.3　100 μg/mL 混标(含内标溶液)的配制

分别吸取 0.50 mL 1 mg/mL 山梨酸储备液和 0.50 mL 1 mg/mL 苯甲酸储备液,用 DEA 溶剂定容至 5 mL,稀释成 100 μg/mL 的混标溶液。

1.4　20 μg/mL 混标(富集用)的配制

分别吸取 5.00 mL/mg/mL 山梨酸储备液和 5.00 mL 1 mg/mL 苯甲酸储备液于 250 mL 容量瓶中,用水稀释定容。

2. DEA 萃取剂的配制

2.1　含 100 μg/mL 内标溶液(邻苯二甲酸乙酯)的萃取溶剂 DEA(二氯甲烷-乙酸乙酯)的配制

移取 225 mL 二氯甲烷和 25 mL 乙酸乙酯混合,移取 25 μL 邻苯二甲酸乙酯溶液得含内标的萃取剂(DEA)。

2.2　不含 100 μg/mL 内标溶液(邻苯二甲酸乙酯)的萃取溶剂 DEA 的配制

移取移取 90 mL 二氯甲烷和 10 mL 乙酸乙酯混合,置于 100 mL 试剂瓶中。

3. 0.2 mol/L 盐酸溶液的配制

移取 4.2 mL 浓盐酸于 250 mL 水中混匀待用。

4. 超声分散液相微萃取提取样品溶液中的山梨酸和苯甲酸

准确称取 0.5 g 左右的液体样品(饮料、酱油、食醋等)于 25 mL 容量瓶中,用水定容至 25 mL 得到样液。

分别移取 4 mL 样液或 4 mL 20 μg/mL 混标溶液于 5 mL 具塞尖头离心管中,加入少量 0.2 mol/L 盐酸(0.2 mL)调溶液 pH=3.0 左右,再加适量 NaCl(1.2 g 左右,含盐样品可以少加盐,最终盐需要全部溶解)涡旋震荡至完全溶解。加入 100 μL DEA 溶剂,超声 3 min。室温下 4000 rpm 离心 2 min,

将气相色谱进样针插入底层,移取下层溶液 1 μL 进行气相色谱分析。

5. 加标回收率实验

准确称取 0.5 g 的液体食品于 25 mL 容量瓶中,加入 0.10 mL 1 mg/mL 的山梨酸和苯甲酸储备液用水定容至 25 mL。按前述进行分散液液微萃取,移取下层溶液进行气相色谱分析。

6. 气相色谱分析

6.1 防腐剂的定性分析

分别移取 1 μL 100 μg/mL 的山梨酸和苯甲酸标液进样,得到山梨酸和苯甲酸的色谱图,记录山梨酸和苯甲酸的保留时间,用于定性分析。山梨酸和苯甲酸(含内标)的色谱图如图 5-3 所示。

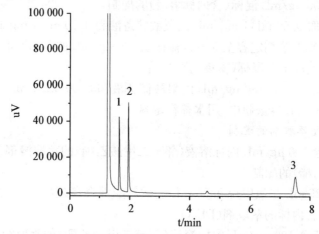

图 5-3 100 μg/mL 山梨酸、苯甲酸与内标(20 μg/mL)混合标准溶液色谱图

峰 1-山梨酸;峰 2-苯甲酸;峰 3-邻苯二甲酸二乙酯

6.2 防腐剂的定量分析

移取 1 μL 样品 DEA 萃取液、20 μg/mL 混标液 DEA 萃取液、加标后萃取液分别进样,气相色谱图,分别记录山梨酸和苯甲酸的峰面积。

五、数据记录与处理

1. 给出山梨酸、苯甲酸以及样品溶液和加标样品溶液的气相色谱图,并根据色谱工作站中的数据完成表 5-10。

表 5 - 10　山梨酸和苯甲酸的保留时间及峰面积

	保留时间/min	峰面积
山梨酸		
苯甲酸		
内标		
100 μg/mL 山梨酸和苯甲酸混标溶液		
20 μg/mL 山梨酸和苯甲酸混标溶液（富集后）		
样品溶液		
加标后样品溶液		

2. 判断样品中含有的防腐剂种类,列出样品中所含山梨酸和苯甲酸含量的计算公式,并计算相应食品中山梨酸和苯甲酸的含量。

	本底值(g/kg)	加标值(g/kg)	测定值(g/kg)	加标回收率(%)
山梨酸				
苯甲酸				

3. 加标回收率实验。

4. 根据加标回收率结果评价该样品处理方法是否合适,并判断该饮料中防腐剂是否超标。

六、注意事项

1. 萃取时,一定要通过涡旋振摇确保加入的氯化钠完全溶解后方可加入萃取剂。

2. 离心后一定确保离心管底部的萃取液透明,才能将微量进样器的底部插入尖头离心管的最下端移取进行气相色谱分析。

3. 每次进样前都要用不含内标的 DEA 溶液洗 10 次以上,再使用相应的溶液润洗 6 次以上。

七、思考题

1. 国标中气相色谱法测定食品中山梨酸和苯甲酸的样品处理方法是怎样的? 本实验采用的样品前处理方法与国标法相比有何优点和缺点?

2. 萃取过程中为什么要加盐酸调节 pH 为 3.0 左右? 加入氯化钠的又有何种作用?

参考文献

[1] 杨金玲,江阳,薛勇,孙成均.超声分散液相微萃取-气相色谱法同时测定食品中 11 种防腐剂[J].济宁医学院学报,2015,38(1):47-50.

[2] Mingzhen Ding, Weixi Liu, Jing Peng, Xiuhong Liu, Yu Tang. Simultaneous determination of seven preservatives in food by dispersive liquid-liquid microextraction coupled withgas chromatography-mass spectrometry[J]. Food Chemistry, 2018, 269, 187-192.

实验六　离子液体超声萃取-原子荧光光谱法 测定蔬菜中的汞含量

一、目的和要求

1. 了解离子液体的原理和组成。
2. 学会离子液体超声法萃取食品中的汞离子。
3. 掌握用原子荧光光谱仪测定蔬菜中重金属离子含量的方法。

二、实验原理

在食品安全问题中,重金属污染是食品最主要的污染原因之一。蔬菜作为日常补充维生素、膳食纤维等营养物质的主要来源,其质量安全越来越受到人们的重视,蔬菜中砷、汞等重金属含量是否超标更是倍受关注。自然界中的汞会通过大气、水、土壤等介质污染到蔬菜,蔬菜一旦被汞污染,就很难彻底去除。人体摄入含汞较高的蔬菜,会引起体内汞的积累,当汞在体内蓄积到一定量时,对人的神经系统、肾、肝脏都会有严重损坏。所以,无公害蔬菜的认定将汞的检测列入了必检测项目。在日常检测中,蔬菜中汞含量的测定常采用的主要方法有原子荧光光谱法、二硫腙比色法、冷原子吸收光谱法等。

1. 原子荧光光度计的工作原理

原子荧光是原子蒸气受到具体特征波长的光源辐射后,其中一些基态原子被激发跃迁到较高能态,然后去活化回到某一较低能态(通常是基态)而发射出特征光谱的现象。各种元素都有其特定的原子荧光光谱,根据原子荧光强度的高低可以定量测定试样中待测元素的含量。

2. 离子液体

离子液体是一种由有机阳离子和无机阴离子或有机阴离子构成的在室温下或接近于室温下呈液体状态的盐类,它因具有独特的物理化学性质,如非挥发性、高沸点、低熔点、热稳定性好、黏度小、与水和有机溶剂相溶等,已成为一种取代危险有机溶剂的新型、绿色、环保的微萃取溶剂,并广泛用于萃取富集微量金属、药物、农药和其他物质。

3. 超声波提取技术

超声使用在萃取的不同步骤,如均质、乳化液的形成、不混溶的两相间质量转移等,能加速萃取平衡,是辅助萃取过程的一种强有力工具。超声波提取技术是利用超声空化效应、机械振动、热效应等多重作用,在流体内产生瞬间的高温高压场,对流体中的固体表面产生强大的剪切力,同时有较大的搅动作用,从而能促进传质,具有节能、省时、高效等优点。

本实验通过王水消解蔬菜样品,加入离子液体(1-丁基-3-甲基咪唑四氟硼酸盐)和乙二胺四乙酸二钠盐(EDTA)的混合浸取剂,在超声波辅助作用下对蔬菜样品进行快速前处理。用原子荧光光谱法检测蔬菜中汞离子的含量。

三、仪器与试剂

1. 仪器

双道原子荧光光度计:AFS-230a 型和 AFS-9130 型;Ethos-D 型微波消解仪;KQ-500 型超声波清洗机;移液枪;量筒;100 mL 容量瓶;比色管;烧杯;玻璃棒。

2. 试剂

1 mg/mL 汞标准储备液(国家标准物质研究中心),浓盐酸(优级纯),浓硝酸(优级纯),EDTA(分析纯),1-丁基-3-甲基咪唑四氟硼酸盐(分析纯),NaOH(分析纯),硼氢化钾(分析纯),超纯水,生鲜大蒜。

10 μg/mL 汞标准使用液:移取汞标准储备液 1 mL 于 100 mL 容量瓶,用 1:9 的 HNO_3 溶液定容。

0.1 mol/L 的 EDTA 溶液:称取 2.92 g 的 EDTA 固体溶于 100 mL 水中。

7 mol/L NaOH 溶液:称取 28 g NaOH 固体溶于 100 mL 水中。

5%HCl 溶液:移取 70 mL 的浓盐酸溶于 1000 mL 水中。

0.5%NaOH-2%KBH_4 溶液:称取 2.5 g NaOH 溶于水后配成一定浓度的溶液,加入 10 g KBH_4 定容到 500 mL,现用现配。

四、实验步骤

1. AFS-230a 型和 AFS-9130 型双道原子荧光光度计的操作条件

开机并按表 5-11 设置双道原子荧光光度计操作条件。

表 5 - 11

项目	仪器参数	项目	仪器参数
测量元素	汞	屏蔽气流量/(mL/min)	800
负高压/V	280	读数时间/s	12
灯电流/mA	8	延迟时间/s	0.5
原子化温度/℃	200	重复次数	1
原子化高度/mm	8	测定方法	标准曲线法
载气流量/(mL/min)	400	积分方式	峰面积

2. 绘制标准曲线

吸取 10 $\mu g/mL$ 的 Hg 标准液用 1：9 硝酸稀释至浓度为 0.4000、0.8000、1.6000、4.0000、8.0000 $\mu g/L$,用原子荧光光度计测量各标准液浓度的荧光值,绘制成标准曲线。

3. 样品的准备

本实验样品为富汞大蒜,大蒜用饱和硝酸汞溶液浸泡培养一个月后得到。将培养后的大蒜洗净、晾干,将样品切碎后用搅拌机搅拌成匀浆,均浆装入样品袋放于冰箱保存。

4. 样品的前处理

准确称取样品 0.5000 g～1.000 0 g 于 50 mL 锥形瓶中,加入 8 mL 王水,2 mL 1-丁基-3-甲基咪唑四氟硼酸盐,3 mL 0.1 mol/L EDTA 溶液,超声 15 min 后,加入 20 mL 7 mol/L NaOH 溶液进行赶酸,冷却后转移至比色管中,加水定容至 50 mL。按相同方法做空白实验。

5. 样品中汞含量的测定

用原子荧光光度计测定处理后的样品溶液,根据标准曲线得到样品中汞含量值,平行实验做三次。

五、实验数据处理

1. 汞标准曲线的绘制

以汞质量浓度为横坐标,荧光强度值为纵坐标,绘制标准曲线,得到线性回归方程和相关系数。

表 5 - 12　各汞标准液浓度的荧光强度值记录

编号	浓度(μg/L)	荧光强度值 I	线性回归方程	相关系数
1				
2				
3				
4				
5				

2. 根据线性回归方程得到样品中汞含量

表 5 - 13　大蒜中汞的含量

平行序号	荧光强度值 I	汞含量(mg/kg)	平均汞含量(mg/kg)	RSD(%)
1				
2				
3				

六、注意事项

1. 汞有毒,配置汞标准液应在通风良好情况下进行。

2. 配置 0.5% NaOH - 2% KBH_4 溶液时,一定要先加入 NaOH,后加入 KBH_4。

七、思考题

1. 和国标法相比,离子液体提取法有何优势?

2. 本实验中还可以采用什么方法来辅助提取?

3. 原子荧光光度计的特点和优点?

4. 查找文献,你认为影响本实验中提取蔬菜中汞含量的萃取率的因素有哪些?

5. 在配置 KBH_4 时为什么要加点碱性物质,不加会怎样?

参考文献

[1] 利健文,韦寿莲,刘永. 超声辅助离子液体分散液相微萃取石墨炉原子吸收光谱法测定

食品中铅镉[J].中国食品添加剂,2018,04:196-200

[2] 王丽,刘红芝,刘丽,王强.离子液体在食品加工领域中应用研究进展[J].食品研究与开发,2017,38(14):200-204.

[3] 韩萍.微波消解-双道原子荧光光谱法测定蔬菜中的汞[J].南方农业,2018,12(29):120-121.

[4] 黄嘉敏,岑嘉茵.微波消解-原子荧光光谱法测定蔬菜中的砷和汞[J].广东化工,2018,45(05):231+219.

[5] 张秉璇.蔬菜中常见重金属的测定方法探究及应用[D].兰州大学,2017.

[6] 李红亮,常子栋,李微微,姚尧.原子荧光光度计测量砷元素检出限测量不确定度分析与评定[J].工业计量,2018,S1:78-80.

实验七　荧光光谱法检测饮料中的食用色素含量

一、目的和要求

1. 了解食用色素的添加标准。
2. 了解荧光光谱仪的基本结构和原理。
3. 学会用荧光光谱法检测不同饮料中的色素分子。

二、实验原理

荧光是指电子从激发态的最低振动能级返回基态过程中伴随着有光辐射,常在具有刚性结构和平面结构 π 电子共轭体系的分子中。分子荧光光谱分析法(Molecular Fluorescence Spectroscopy)适用于定量测定痕量的无机或有机组分,是近些年来快速发展并广泛应用的新型技术。最主要的特点是灵敏度高,第二个特点是选择性强,第三个特点是应用范围广。

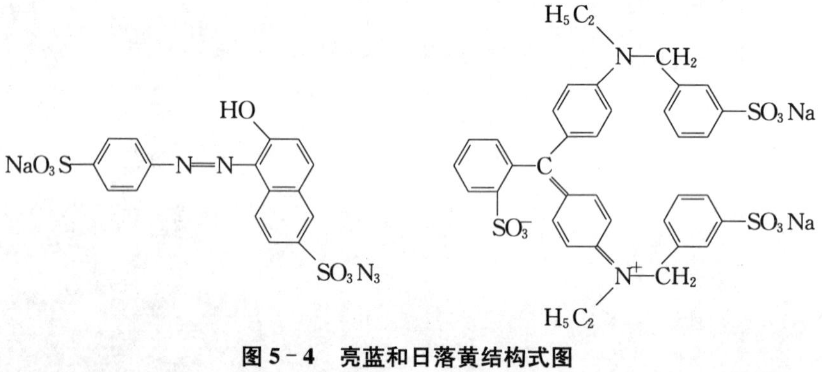

图 5 - 4　亮蓝和日落黄结构式图

食用合成色素的原料主要是煤焦油,在人体中可被偶氮还原酶降解为致癌物质,所以必须严格控制使用品种、范围和数量,限制每日允许摄入量(ADI)。我国批准使用的食用合成色素有 8 种,分别包括胭脂红、苋菜红、日落黄、赤藓红、柠檬黄、新红、靛蓝、亮蓝。在 GB 2760－2011《食品安全国家标准食品添加剂使用标准》中规定了合成色素的种类、使用范围和检出限。亮蓝适用于饮料(14.01 包装饮用水除外)的最大用量为 0.02 g/kg,日落黄适用于特殊用途饮料的,其最大用量为 0.1 g/kg。

本实验利用荧光光谱法研究饮料中的亮蓝和日落黄的含量。绘制亮蓝和日落黄的标准曲线,测量实际样品的荧光强度,用标准曲线法得出样品中它们的含量,并对实际样品进行回收率的实验。

三、仪器和药品

1. 仪器

电子天平;荧光分光光度计(SHIMADZU RF‐5301 PC);移液枪(20～200 μL、100～1000 μL);水浴锅;集热式恒温加热磁力搅拌器;容量瓶(25 mL、50 mL、100 mL、250 mL);玻璃杯;玻璃棒;酸度计 pHS‐3E。

2. 试剂

亮蓝(AR);日落黄(AR);市售品牌饮料。

四、实验步骤

1. 储备液的配制

亮蓝标准溶液的制备:称取 0.0500 g 的亮蓝于 50 mL 容量瓶中,定容至刻度线,溶液浓度为 1000 μg/mL。

日落黄标准溶液的制备:称取日落黄 0.0500 g 于 50 mL 容量瓶中,定容至容量瓶刻度线,溶液浓度为 1000 μg/mL。

2. 荧光光谱定性实验

2.1 亮蓝的荧光光谱实验

用移液枪移取 100 μL 亮蓝贮备液溶液于 10 mL 的离心管中,用二次蒸馏水稀释至刻度进行荧光光谱的测定。

2.2 日落黄的发射光谱实验

用移液枪移取日落黄标准溶液 100 μL 于 10 mL 的离心管中,用二次蒸馏水稀释至刻度进行荧光光谱的测定。

3. 亮蓝溶液和日落黄溶液的标准曲线绘制

3.1 亮蓝溶液的标准曲线的绘制

配制 0.02 μg/mL,0.1 μg/mL,0.5 μg/mL,2 μg/mL,10 μg/mL 等一系列浓度的亮蓝标准溶液,进行荧光光谱的测定,绘制标准曲线。

3.2 日落黄溶液的标准曲线的绘制

配制一系列浓度为 1 μg/mL,2 μg/mL,4 μg/mL,8 μg/mL,16 μg/mL 的日落黄溶液,绘制标准曲线。

4. 亮蓝和日落黄实际样品含量的检测

4.1 亮蓝实际样品的检测

用移液枪取 300 μL 的亮蓝实际样品 10 mL 离心管中,用二次蒸馏水稀释至 10 mL 处,测定亮蓝溶液的荧光强度,平行测定三次。

4.2 日落黄实际样品试验

移取 200 μL 的日落黄实际样品离心管中,用二次蒸馏水稀释至 10 mL 刻度线,测定日落黄溶液的荧光强度,平行测定三次。

4.3 亮蓝实际样品的回归率试验

分别取 5 mL 2 μg/mL 和 4 μg/mL 的亮蓝标准溶液于两支相同的 10 mL 的离心管中,用移液枪移取 300 μL 的实际样品分别与 2 μg/mL 和 4 μg/mL 亮蓝标准溶液混合均匀并稀释至 10 mL,测两份溶液的荧光强度。

4.4 日落黄的实际样品的回收率试验

分别取 5 mL 2 μg/mL 和 4 μg/mL 的日落黄标准溶液于两支相同的 10 mL 的离心管中,用移液枪移取 200 μL 的实际样品至另一支 10 mL 的离心管中,稀释至刻度。取 5 mL 溶液分别与 2 μg/mL 和 4 μg/mL 日落黄标准溶液混合均匀,测两份溶液的荧光强度。

五、实验结果和数据处理

1. 绘制标准曲线并得到线性回归方程。

2. 实际样品的测定结果

样品序号	亮蓝含量 C/μg·mL⁻¹	亮蓝平均含量 C/μg·mL⁻¹	日落黄含量 C/μg·mL⁻¹	日落黄平均含量 C/μg·mL⁻¹
1				
2				
3				

3. 样品的加标回收率实验结果

样品	含量 C/μg·mL⁻¹	加标量 C/μg·mL⁻¹	加标含量 C/μg·mL⁻¹	回收率
亮蓝		1.0		
		2.0		
日落黄		1.0		
		2.0		

六、注意事项

1. 实验仪器不能用洗衣粉洗涤，以防产生荧光干扰影响实验。
2. 气体饮料测定时要脱气彻底。

七、实验问题及讨论

1. 饮料中的食用色素用荧光光谱法检测有何优势？
2. 国标中可允许添加的色素量是多少？有哪些食品不允许添加人工食用色素？

参考文献

[1] 许飞,周金池.光谱类分析仪器的主要特点及其发展现状[J].光谱实验室,2012,29
(01):457-461.
[2] MA Chao-qun, CHEN Guo-qing, GAO Shu-mei, CHEN Chao, HI Yuan-ping, and
GU Ling. Simultaneous Determination of Brilliant Blue and Indigotine by Derivative
Fluorescence Spectrometry Combined with WT-RBFNN[J]. Optoelectronics Letters,
2011, 7(02): 158-160.
[3] 胡睡基.关于我国天然色素发展中若干问题的研究[J].中国添加剂工业,2003,(3):
32-38.
[4] 中华人民共和国卫生部.GB2760—2011食品安全国家标准食品添加剂使用标准[S].
北京:中国标准出版社,2011.
[5] 中华人民共和国卫生部.GB/T5009.35—2003食品中合成着色剂的测定[S].北京:中
国标准出版社,2003.
[6] 孙艳辉,吴霖生,张佘,贾晓丽.分子荧光光谱技术在食品安全中的应用[J].食品工业
科技,2011,32(05):436-439.
[7] 陈鹏,王微,孙红,赫春香.荧光光谱法快速测定饮料中的亮蓝[J].光谱实验室,2012,
29(06):3849-3852.
[8] 王俊.食用合成色素日落黄和柠檬黄荧光光谱的研究[D].江南大学,2009.
[9] 中华人民共和国卫生部.GB2760-2011食品安全国家标准食品添加剂使用标准[S].
北京:中国标准出版社,2011.

实验八 超声波-固相萃取净化荧光光谱法测定咸鸭蛋中的苏丹红

一、目的和要求

1. 了解固相萃取法的基本原理。
2. 学习固相萃取法在食品分析前处理中的应用。
3. 了解荧光光谱法的基本原理。
4. 学会荧光光谱法测定食品中苏丹红染料的分析方法。

二、实验原理

商品名	颜色性状	分子式	化学名称	结构式
苏丹红 I	黄色粉末	$C_{16}H_{12}N_2O$	1-苯基偶氮-2-萘酚	
苏丹红 II	红色发光针状结晶或粉末	$C_{18}H_{16}N_2O$	1-[(2,4-二甲基苯)偶氮]-2-萘酚	
苏丹红 III	有绿色光泽的棕红色粉末	$C_{12}H_{12}N_4O$	1-[4-(苯基偶氮)苯基]偶氮-2-萘酚	
苏丹红 IV	暗红色粉末	$C_{24}H_{20}N_4O$	1-2-甲基-4-[(2-甲苯)偶氮]苯基偶氮-2-萘酚	

苏丹红染料是一组人工合成的主要基团是苯基偶氮萘酚的亲脂性偶氮化

合物,苏丹红Ⅰ、Ⅱ、Ⅲ、Ⅳ及其代谢产物都具有致癌性,由于它们颜色鲜艳且不易褪色,有许多不法商贩为了获得丰厚的利润和收益,将苏丹红染料加入饲料中喂养家禽,从而实现"红蛋黄"的效果。

荧光光谱法具有较好的选择性、较高的灵敏度、较低的检测限,适用范围广。由于苏丹红染料具有良好的荧光活性,本实验利用荧光光谱法检测市售咸鸭蛋中是否违法添加了苏丹红染料。利用超声波-固相萃取净化法来对待测样品进行前处理。绘制苏丹红Ⅰ、Ⅱ、Ⅲ、Ⅳ的标准曲线,测量实际样品的荧光强度,用标准曲线法得出样品中的苏丹红含量。并对实际样品进行回收率的实验。

三、仪器和试剂

1. 仪器

RF-5301PC荧光分光光度计(日本岛津公司);HH-4数显恒温水浴锅;超声波清洗器;XH-C旋涡混合器;TG-16W台式高速离心机;浓缩氮吹仪;电子天平;移液枪(20~200 μL、100~1000 μL);容量瓶(25 mL、50 mL、100 mL、250 mL);SPE柱(中性氧化铝);玻璃杯;玻璃棒;酸度计pHS-3E。

2. 试剂

苏丹红以及其衍生物苏丹红Ⅰ、Ⅱ、Ⅲ、Ⅳ(纯度99%);正己烷(分析纯AR);乙醇(分析纯AR);二氯甲烷(分析纯AR);市售品牌或者散装咸鸭蛋。

四、实验步骤

1. 储备液的配置

苏丹红Ⅰ:称取0.0700 g苏丹红Ⅰ,放置于250 mL容量瓶,定容至刻度线,溶液浓度为c苏丹红Ⅰ=280 μg·mL^{-1}。

苏丹红Ⅱ:称取0.0275 g苏丹红Ⅱ,放置于250 mL容量瓶,定容至刻度线,溶液浓度为c苏丹红Ⅱ=110 μg·mL^{-1}。

苏丹红Ⅲ:称取0.0175 g苏丹红Ⅲ,放置于250 mL容量瓶中,定容至刻度线,溶液浓度为c苏丹红Ⅲ=70 μg·mL^{-1}。

苏丹红Ⅳ:称取0.0375 g苏丹红Ⅳ,放置于250 mL容量瓶中,定容至刻度线,溶液浓度为c苏丹红Ⅳ=150 μg·mL^{-1}。

2. 样品前处理

2.1 提取

准确称取蛋黄于离心管中,加入15 mL正己烷,振荡10 min,超声波15 min,收集上清液,重复提取1次,合并2次上清液 ,5000 r/min离心

5 min,收集上清液,重复提取1次,合并2次上清液。

2.2 净化

将苏丹红专用SPE柱安置在固相萃取装置上依次用5 mL二氯甲烷,5 mL正己烷活化,待己烷液面流至近干时,用移液器吸取5 mL上清液缓慢加入苏丹红专用SPE柱,并以自然滴速通过小柱,待溶液全部流出后,再用5 mL正己烷淋洗小柱,弃去流出液。最后用5 mL二氯甲烷洗脱净化柱,收集流出液于玻璃管中,于45 ℃氮吹3 min。用1 mL乙醇将残液重新溶解,超声120 s,涡旋10 s后,过0.45 μm有机滤膜,供荧光光谱测定。

3. 荧光光谱分析

3.1 定性分析

用移液枪准确移取苏丹红Ⅰ、Ⅱ、Ⅲ和Ⅳ标准储备液160 μL至离心管中,再用乙醇稀释到10 mL。在220~700 nm区间内,扫描荧光光谱,得到荧光激发光谱和荧光发射光谱。

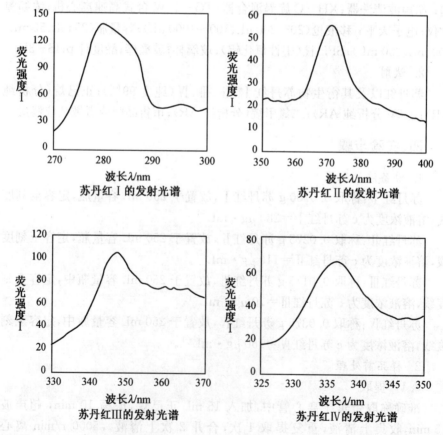

苏丹红Ⅰ的发射光谱

苏丹红Ⅱ的发射光谱

苏丹红Ⅲ的发射光谱

苏丹红Ⅳ的发射光谱

3.2　标准曲线的绘制

用移液枪准确移取苏丹红苏丹红Ⅰ、Ⅱ、Ⅲ和Ⅳ标准储备液,分别移取 20 μL、40 μL、80 μL、160 μL、320 μL 至离心管中,再用乙醇稀释到 10 mL。在 220～700 nm 区间内,扫描荧光光谱,制备标准曲线。

3.3　样品中苏丹红含量的测定

用移液枪取 200 μL 的净化后的样品上层清液至 10 mL 的离心管中,用乙醇稀释至 10 mL 处,检验各苏丹红的荧光强度,平行测定三次。

3.4　苏丹红样品加标回收率实验

苏丹红Ⅰ:分别取 5 mL 2.8 μg/mL 和 5.6 μg/mL 的苏丹红Ⅰ标准溶液 于两支相同的 10 mL 的离心管中,用移液枪移取 200 μL 的离心过的上层清液 分别与 2.8 μg/mL 和 5.6 μg/mL 苏丹红Ⅰ标准溶液混合均匀并稀释到 10 mL,测两份溶液的荧光强度。

苏丹红Ⅱ:分别取 5 mL 1.1 μg/mL 和 2.2 μg/mL 的苏丹红Ⅱ标准溶液 于两支相同的 10 mL 的离心管中,用移液枪移取 200 μL 的离心过的上层清液 分别与 1.1 μg/mL 和 2.2 μg/mL 苏丹红Ⅱ标准溶液混合均匀并稀释到 10 mL,测两份溶液的荧光强度。

苏丹红Ⅲ:分别取 5 mL 0.7 μg/mL 和 1.4 μg/mL 的苏丹红Ⅲ标准溶液 于两支相同的 10 mL 的离心管中,用移液枪移取 200 μL 的离心过的上层清液 分别与 0.7 μg/mL 和 1.4 μg/mL 苏丹红Ⅲ标准溶液混合均匀并稀释到 10 mL,测两份溶液的荧光强度。

苏丹红Ⅳ:分别取 5 mL 1.5 μg/mL 和 3.0 μg/mL 的苏丹红Ⅳ标准溶液 于两支相同的 10 mL 的离心管中,用移液枪移取 200 μL 的离心过的上层清液 分别与 1.5 μg/mL 和 3.0 μg/mL 苏丹红Ⅳ标准溶液混合均匀并稀释到 10 mL,测两份溶液的荧光强度。

五、数据记录与处理

1. 用软件绘制四种苏丹红的荧光光谱图,并确定苏丹红的最大发射波长 和最大激发波长。

2. 根据不同浓度苏丹红的最大荧光发射波长的强度,绘制四种苏丹红的 标准曲线,并分别得到它们各自的线性回归方程。

3. 根据测得的实际样品中相应的四种苏丹红对应的最大荧光发射波长 的强度,代入线性回归方程,计算样品中四种苏丹红的含量,判断产品质量。

4. 利用表格的形式计算四种苏丹红的实际回收率。

化合物	含量 C/μg·mL⁻¹	加标量 C/μg·mL⁻¹	加标含量 C/μg·mL⁻¹	回收率
苏丹红 I		1.4 2.8		
苏丹红 II		0.55 1.1		
苏丹红 III		0.35 0.7		
苏丹红 IV		0.75 1.5		

六、注意事项

1. 固相萃取过程中要保持干燥,不能有水分存在,不然会有沉淀生成,影响提取效果。

2. 配置的储备液应避光储藏。

七、思考题

1. 查阅文献和国标中苏丹红的其他检测方法。

2. 荧光光谱法是否会产生信号的干扰,为什么?

参考文献

[1] 蔡其洪,邹哲祥,李耀群. 同步荧光法同时测定苏丹红 II 和苏丹红 III[J]. 高等学校化学学报,2007,28(9):1663 - 1665.

[2] 王艳春. 食品中苏丹红染料检测方法的研究[J]. 中国卫生检验杂志,2015,15(11):1313 - 1315.

[3] 谢维平,黄盈煜,傅晖蓉,胡桂莲. 凝胶柱净化高效液相色谱检测食品中的苏丹红[J]. 色谱,2005,23(3):542 - 544.

[4] Umran Seven Erdemir, Belgin lzgi and Seref Gucer, *Anal. Methods.*, 2013, 5, 1399 - 1406.

[5] 张鑫,李爱军,周鑫,肖珊,刘洋,杜瑞焕,齐彪,张立田,项爱丽,段晓然. 高效液相色谱法测定禽蛋中苏丹红染料的方法研究[J]. 中国动物保健,2017,19(2):85 - 87.

[6] 庞艳玲. 薄层色谱-紫外可见分光光度法测定食品中苏丹红 III[J]. 化学分析计量,2006,15(6):69 - 70.

[7] 刘保生,王云科,曹东. 等色吸收荧光淬灭法快速测定食品中苏丹红 I[J]. 分析实验

室,2007,26(8):87-90.

[8] 周尚,杨季冬,贺奎娟,贺娟.荧光光谱法测定食品中苏丹红含量[J].理化检验(化学册),2013,49(3):179-182.

[9] P. Qi, T. Zeng and Z. J. Wen, *et al. J. Food Chem.*, 2011, 125, 1462-1467.

[10] Y. Wang, M. Mei and X. J. Huang, *et al. J. Anal. Methods.*, 2015, 7, 551-559.

实验九 分光光度法检测食用油中的 SDBS 含量

一、目的和要求

1. 了解分光光度法测定 SDBS 的基本原理。
2. 掌握油脂的前处理过程。
3. 掌握标准曲线法测定样品含量的方法。

二、实验原理

地沟油主要指下水道中的油腻漂浮物,或者将宾馆、酒楼的剩饭、剩菜(通称泔水)经过简单加工、提炼出的油,也包括一部分煎炸老油,劣质腐败的动物皮、肉、内脏经加工提炼后生产油脂。近年来,一些不法商人在利益驱动下将地沟油经过提炼、提纯后以低廉的价格当食用油或掺入食用油中进行销售。研究表明,地沟油中重金属、毒素、过氧化值等都严重超标,对人体具有很大危害性,直接威胁着民众的身体健康。

十二烷基苯磺酸钠(SDBS)是一种阴离子表面活性剂,是各种洗涤剂中用量最大的合成表面活性剂。餐馆在洗涤餐具油脂时使用的洗涤剂含有的表面活性剂主要成分为 SDBS。根据地沟油的回收工艺,SDBS 在地沟油回收过程中不可能被完全去除。因此,本实验参考国标中监测水质中阴离子合成洗涤剂的测定方法,以酸性亚甲蓝为显色剂,SDBS 与亚甲蓝反应形成蓝色络合物,这种络合物可被三氯甲烷萃取,其色度与浓度成正比,采用分光光度法在 652nm 处测定吸光度,根据吸光度确定油脂中 SDBS 含量。通过检测油脂中的 SDBS 含量,达到鉴别地沟油和食用植物油的目的,为鉴别地沟油与优质食用油提供了科学依据。

三、实验仪器与试剂

1. 仪器

电子天平;紫外-可见分光光度计;THZC‑1 型振荡器;分液漏斗;50 mL 容量瓶。

2. 试剂

十二烷基苯磺酸钠(SDBS);三氯甲烷;硫酸溶液(0.5 mol/L);氢氧化钠溶液(40 g/L);酚酞试剂(1 g/L);亚甲蓝溶液(称取 30 mg 亚甲蓝,溶于

500 mL 纯水中,加入 6.8 mL 浓硫酸 50 g 二水合磷酸二氢钠 NaH_2PO_4 · $2H_2O$,溶解后用纯水稀释至 1000 mL。);油脂样品。

四、实验步骤

1. 亚甲蓝、SDBS 和亚甲蓝-SDBS 络合物的紫外光谱的扫描

配制 2.0 mg/L 的 SDBS 标准溶液,以三氯甲烷提取,亚甲蓝显色。经硫酸洗涤,三氯甲烷反萃取 3 次后,取萃取溶液于紫外可见光分光光度计进行全扫描,同时分别对亚甲蓝溶液和 2.0 mg/LSDBS 标准溶液进行全扫描,绘制吸收曲线,寻找最大吸收波长。

2. 标准溶液的配制和标准曲线的绘制

准确称取 SDBS 固体标准样品 0.10 g,用蒸馏水溶解并定容至 1000 mL。准确吸取 10.0 mL 于 100 mL 容量瓶中,加水定容,制成 10 mg/L 的标准储备液。

精密吸取 SDBS 标准储备液 2.50、5.00、10.00、15.00、20.00、25.00 于 50 mL 容量瓶中,稀释至刻度,摇匀,分别配制成浓度为 0.50、1.00、2.00、3.00、4.00、5.00 mg/L 的系列标准溶液。

将标准溶液按浓度从低到高,在 668 nm 依次测定,每个浓度平行测定 3 次。以吸光度对浓度进行线性回归,得到标准曲线方程和相关系数。

3. 油样中 SDBS 的提取和测定

准确称取油样 10.0 g,加 75 mL 水于恒温振荡器上充分振荡提取 20 min 后,静置 5 min。取水相 10 mL 于 100 mL 比色管,加 3 滴酚酞溶液,逐滴加入 40 g/L 氢氧化钠溶液,使水样呈碱性,然后再逐滴加入 0.5mol/L 的硫酸溶液,使红色刚好褪去。加入 10.0 mL 亚甲蓝溶液和 15.0 mL 三氯甲烷,猛烈振荡 1 min,静置分层。在分液漏斗颈管内塞少许脱脂棉,以滤除水珠,将三氯甲烷层放入比色管中,定容至 25 mL。用 1 cm 比色皿,以三氯甲烷作参比,于 668 nm 处测量吸光度。

4. 样品的测定

取油脂样品,按照上述实验方法提取后进行测定,每组实验平行测定三次。

五、数据处理与记录

1. 亚甲蓝、SDBS 和亚甲蓝-SDBS 络合物的紫外光谱的绘制和比较,标示 λ_{max}。

2. 根据实验数据,绘制 SDSB 的标准曲线,标示线性方程和相关系数。

3. 样品中油脂含量的计算,将实验测定结果代入线性方程计算样品中 SDBS 含量,实验结果填入表格。

样品中 SDBS 含量测定结果

试验号	样品名称	线性方程	相关系数	样品中 SDBS 含量	RSD

六、注意事项

三氯甲烷的萃取应在通风橱中进行。

七、实验讨论与思考

1. 除了分光光度法,还有哪些方法可以用来测定 SDBS?
2. 还有哪些仪器分析方法可以用来鉴别地沟油和合格油脂?

实验十　电分析化学法检测食品中的亚硝酸盐含量

一、目的和要求

1. 了解循环伏安法和微分脉冲伏安法的原理。
2. 掌握循环伏安法和微分脉冲伏安法的实验技术。
3. 利用裸电极测定火腿中亚硝酸盐的含量。

二、实验原理

亚硝酸盐是广泛存在于环境中的一种有害物质,尤其在肉制品加工业上,亚硝酸盐常作为添加剂,使肉品发色,增强风味,并具有抗菌防腐的作用,目前尚无理想的替代品。人体摄入亚硝酸盐后,会将低铁血红蛋白氧化成高铁血红蛋白,使其失去输送氧的能力,从而使人中毒。另外,亚硝酸根易于与胺类化合物反应生成致癌物。世界健康组织已经发布当亚硝酸盐在人体内的含量超过 4.5 mg/mL 时,就会对人的脾脏、肾脏和神经系统造成损害。因此对 NO_2^- 进行快速、灵敏、准确、简便的检测是十分有意义的。

检测亚硝酸盐的方法主要包括分光光度法、色谱法、光谱法、毛细管电泳法和电化学法等。电化学法具有分析速度快、操作简单、选择性好、稳定性高及灵敏度高等优点被广泛应用。

微分脉冲伏安法是一种灵敏度较高的伏安分析技术,它是在工作电极上施加的线性变化的直流电压上叠加一等振幅(2~100 mV)、低频率、持续时间为 40~80 ms 的脉冲电压,测量脉冲加入前约 20 ms 和终止前 20 ms 时的电流之差。由于微分脉冲伏安法测量的是脉冲电压引起的法拉第电流的变化,因此微分脉冲伏安图呈峰形。峰电位相当于直流极谱的半波电位,可作为微分脉冲伏安法定性分析的依据;峰电流在一定条件下与去极化剂的浓度成正比,可作为定量分析的依据。由于采用了两次电流取样的方法,很好地扣除了背景电流,具有极高的灵敏度,同时也具有很强的分辨能力。

本实验采用微分脉冲伏安法,在裸玻碳电极表面测定亚硝酸盐的含量,亚硝酸根可以在固体电极表面发生氧化反应生成硝酸盐,产生氧化电流,氧化峰电流与亚硝酸盐浓度在一定浓度范围内成比例,依据它们之间的线性关系实现对亚硝酸盐的定量分析。

三、仪器与试剂

1. 仪器

CHI660D 电化学工作站,玻碳电极($d=3$ mm)为工作电极,饱和甘汞电极为参比电极,铂电极为对电极;搅碎机;水浴锅;离心机;电子天平(感量 0.0001 g);50 mL、500 mL 容量瓶。

2. 试剂

亚硝酸钠储备液(0.2 g/L):准确称取 0.1000 g 于干燥器中干燥 24 h 的亚硝酸钠,加水溶解,定容至 500 mL 容量瓶中。此溶液每 mL 相当于 200 μg 亚硝酸钠。

饱和硼砂溶液:称取 5.0 g 硼酸钠($Na_2BO_7 \cdot 10H_2O$),溶于 100 mL 热水中,冷却后备用。

亚铁氰化钾溶液:称取 106.0 g 亚铁氰化钾[$K_4Fe_6(CN) \cdot 3H_2O$],用水溶解后,稀释至 1000 mL。

乙酸锌溶液:称取 22.0 g 乙酸锌[$Zn(CH_3COO)_2 \cdot 2H_2O$],加 3 mL 冰乙酸溶于水,并稀释至 100 mL。

四、实验步骤

1. 电极预处理

将玻碳电极($d=3$ mm)在 0.3 μm 的 Al_2O_3 悬浮液上抛光成镜面,然后在无水乙醇和去离子水分别超声洗涤 30s,去离子水冲洗后晾干备用。

2. 亚硝酸盐在电极表面的电化学行为研究

以玻碳电极为工作电极,饱和甘汞电极作为参比电极,铂电极作为对电极,用循环伏安法考察 1 mmol/L 亚硝酸钠在 0.1 mol/L 磷酸盐缓冲溶液(由 0.1 mol/L 磷酸氢二钠溶液和 0.1 mol/L 磷酸二氢钾溶液等体积混合得到)中的电化学行为,分别记录扫描范围为 0～1.2 V,扫速为 10 mV/s,20 mV/s,50 mV/s,100 mV/s,200 mV/s,400 mV/s,500 mV/s 的循环伏安图。

3. 亚硝酸盐标准溶液的配制

分别移取 0.00、0.50、1.00、2.00、2.50、3.00、4.00、5.00 mL 0.2 g/L 亚硝酸钠储备液,置于 50 mL 容量瓶中,稀释至刻度线,配制浓度分别为 0 μg/mL,2 μg/mL,4 μg/mL,8 μg/mL,10 μg/mL,12 μg/mL,16 μg/mL,20 μg/mL 的亚硝酸钠标准溶液。

4. 标准曲线的绘制

将不同浓度的标准溶液按浓度由低到高的顺序分别置于电解池内,记录

扫描范围为 $0 \sim 1.2 \, V$ 的微分脉冲伏安图,并读出每个伏安图上亚硝酸钠的氧化峰电流(I_{pa}),绘制相应表格,记录数据。

5. 样品的处理

(1) 取样:准确称取 5.0 g 左右经搅碎混匀的样品,置于 100 mL 烧杯中。

(2) 沉淀蛋白质:加入 10 mL 硼砂饱和溶液,搅拌均匀,再加入 30 mL 水,置于沸水浴中加热 15 min,取出后冷却至室温。再加入 5 mL 亚铁氰化钾溶液,搅拌均匀,继续加入 5 mL 乙酸锌溶液,继续放置 0.5 h,以沉淀蛋白质;利用吸管吸除上层脂肪,然后用滤纸过滤,滤液备用。

6. 样品中亚硝酸盐的测定

准确移取 10.00 mL 上述滤液置于电解池中,同样在 $0 \sim 1.2 \, V$ 电位范围内,扫描微分脉冲伏安图,记录氧化峰电流。

五、数据记录与处理

1. 以 I_{pa} 与扫描速度(v)或其平方根($v^{1/2}$)作图,判断该电极过程是吸附控制还是扩散控制。

2. 以 I_{pa} 对对亚硝酸钠的浓度作图,得到标准曲线,得出线性回归方程。将样品溶液的峰电流代入线性回归方程中,求得样品溶液中亚硝酸盐的浓度,并计算样品中亚硝酸盐的浓度,以 $\mu g/g$ 表示,并于食品中亚硝酸盐的限量标准进行比较。

部分食品中亚硝酸盐的限量标准(以 $NaNO_2$ 计)

品名	限量标准 mg/kg
食盐(精盐)、牛初乳	$\leqslant 2$
香肠、酱菜、腊肉	$\leqslant 20$
鲜肉类、鲜鱼类、粮食	$\leqslant 3$
火腿肠、灌肠类	$\leqslant 30$
蔬菜	$\leqslant 4$
其他肉类罐头、腌制罐头	$\leqslant 50$
婴儿配方奶粉	$\leqslant 5$

参考文献

[1] 韩晓春,戴霞. 以食品分析与检验实验教学为例,探讨绿色实验室在实验教学中的应用
[J].广东化工,2015,42(02):135-136.

[2] 严慧玲,王永华. 食品类教学实验室安全管理探索[J]. 实验室科学,2016,19(01): 215－218.

[3] Japan plant protection association. Noyaku yoran[M]. The Ministryof Agriculture, Forestry and Fisheries of Japan, 2005: 86.

[4] Dastoor AP, Larocque Y. Global circulation of atmospheric mercury: a modeling study [J]. Atmospheric Environment, 2004, 38 (1):147.

[5] Debes F, Budtz J, rgensen E, Weihe P, et al. Impact of prenatal methyl mercury exposure on neuro behavioral function at age 14 years. Neurotoxicol Teratol, 2006, 28 (5): 536.

[6] Kuo TC. The influence of methyl mercury on t he nitric oxide production of alveolar macrophages. Toxicol Ind Health, 2008, 24 (8): 531.

[7] Martina P, Do minique G, Michael P. Development of a gas chromatography mass spectrometry method for the analysis of a mino glycoside antibiotics using experimental design for t he optimization of the derivatisation reactions. J Chromatography, 1998, 818 (1): 95.

[8] Lemos VA, Gama EM, Lima AD. On-line preconcentration and deter mination of cadmium, cobalt and nickel in food samples by flame atomic absorption spectrometry using a new functionalized resin [J]. Microchimica Acta, 2006, 153 (3～4): 179.

[9] Wu G, Wu Y, Xiao L, et al. Event-specific qualitative and quantitative PCR detection of genetically modified rapeseed Topas. Food Chemistry, 2009 (112): 232.

[10] 胡江涛,盛毅,方智,等. 分散固相萃取-液相色谱法快速检测猕猴桃中的氯吡脲[J]. 色谱,2007,25(3):441－442.

[11] 陶国清,张一定,细胞分裂素,植物生理生化进展(第四期)[M]。北京:科学出版社, 1986,74－78.

[12] 谭素英,刘文革,黄秀强,等. 强力坐瓜灵对提高西瓜坐果率的影响[J]. 中国西瓜甜瓜,1995(2):9－11.

[13] 国家西甜瓜产业技术体系,CPPU 在西瓜上的应用研究进展[J],中国瓜菜,2011,24 (4):39－43.

[14] KobayashiM, TakanoI, TamuraY, et al. Clean-up method of forchlor-fenuron in agricultural products for HPLC analysis[J]. Journal of the Food Hygienic Society of Japan, 2007, 5(48): 148－152.

[15] 吴三林,刘芳陈秋如等. 氯吡苯脲处理对青菜花菜储藏品质的影响[J]. 北方园艺, 2011(07):145－147.

[16] Hayata Y, Niimi Y, Iwasaki N. Inducing parthenocarpic fruit ofwatermelon with plant bioregulators[J]. Acta Horticulturae, 1995(394): 235－240.

[17] 孙竹波,刘忠德,刘震,等. 0.1%氯吡脲可溶性液剂对西瓜产量和品质的影响[J]. 北方园艺,2006(1):25－26.

[18] UmY C，Lee J H，Kang K H，et al. Effects of forchlorfenuronapplication on the induction of parthenocarpic fruit and fruit qualityin watermelon (Citrullus vulgaris S.) under greenhouse conditions ［J］. Journal of the Korean Society for Horticultural Science，1995，36(3)：293－298.

第六章　设计性与外文文献实验

实验一　食品中黄曲霉素的测定(设计性实验)

一、实验目的

1. 了解黄曲霉素的主要来源、危害及其测定方法。
2. 设计实验方案对食品中黄曲霉素进行定量测定。
3. 通过查阅有关文献资料,学会设计实验方案,提高综合分析问题和解决问题的能力。

二、基本原理

黄曲霉毒素广泛分布于农作物的生长、收获、储运等各个阶段,是一类由黄曲霉菌和寄生曲霉菌产生的致癌、致畸、剧毒代谢产物,主要有黄曲霉毒素 $B_1 B_2 G_1 G_2$,以及另外两种代谢产物 $M_1 M_2$。其中,黄曲霉毒素 B_1 是二氢呋喃氧杂萘邻酮的衍生物,含有一个双呋喃环和一个氧杂萘邻酮。黄曲霉毒素 B_1 是已知的化学物质中致癌性最强的一种,对包括人和若干动物具有强烈的毒性,其毒性作用主要是对肝脏的损害。黄曲霉毒素 B_1 污染的食物主要是花生、玉米、稻谷、小麦、花生油等粮油食品,而这些都是人类每天都要摄入的食品。因此,食品中黄曲霉素含量以黄曲霉素 B_1 为主要指标,对黄曲霉毒素 B_1 的检测关乎人们的身体健康和生命安全。在我国,国家质检总局规定黄曲霉毒素 B_1 是大部分食品的必检项目之一。GB2761—2005 规定了玉米和花生及其制品、植物油、大米、其他粮食和婴幼儿配方食品中黄曲霉毒素 B_1 的限量值分别为 20、10、10、5.5 $\mu g/kg$。

黄曲霉毒素的检测方法从最初以薄层层析法为主,发展到高效液相色谱法、微柱法、酶联免疫吸附法等多种方法普遍应用,这些新方法、新手段的快速应用,为黄曲霉毒素的检测提供了更广泛的选择余地,适应了不同的检测目的和要求。

三、实验内容

1. 通过查阅文献，了解食品中黄曲霉素 B_1 的测定方法。

2. 根据实验室现有条件，利用所学理论知识和实验技术，查阅文献后独立设计出具体的实验方案，并提交有关指导老师审阅通过后才能进行实验。

设计方案时，要求写出下列内容。

（1）测定原理简述（包括分析方法的选择及依据，相关的基本原理）。

（2）实验所需的主要仪器和试剂（包括基准物质、试剂浓度、仪器的使用条件等）。

（3）操作步骤（包括标液的配制、试验前处理的具体操作过程及详细实验步骤等）。

（4）设计问题讨论，掌握实验注意事项。

四、实验选题

1. 薄层色谱法测定食品中黄曲霉素 B_1

提示：样品经提取、浓缩、薄层分离后，利用黄曲霉素 B_1 在波长 365 nm 紫外灯下产生蓝紫色荧光，根据其在薄层上显示荧光的最低检出量来测定含量。本法可参考 GB/T5009.24—2010，适用于粮食、花生及其制品薯类、豆类、发酵食品及其酒类等各种食品中黄曲霉素 B_1 的测定。

2. 高效液相色谱-荧光检测法测定食品中黄曲霉素 B_1

提示：试样经溶解、离心、过滤后，当样品通过免疫亲和柱时，黄曲霉素特异性抗体选择性的与黄曲霉素 B_1 结合，形成抗体-抗原复合体。用甲醇-乙腈混合液洗脱，用带有荧光检测器的液相色谱仪经柱后衍生测定，外标法定量。

3. 酶联免疫法（ELISA 法）测定食品中黄曲霉素 B_1

提示：样品中的黄曲霉素 B_1 经提取浓缩后，加入一定量的抗体与样品提取液混合，竞争培养后，在固相载体表面形成抗原-抗体复合物。洗除多余抗体成分，加入酶标记物和酶的底物后，在酶的催化作用下，底物发生降解反应，产生有色物质，通过酶标检测仪测出酶底物的降解量，从而推测被检样品中的抗原量。

实验二 气相色谱法测定食品中农药残留(设计性实验)

一、实验目的

1. 了解食品中农药残留的类型、危害及其测定方法。

2. 学习气相色谱法测定食品中农药残留的原理及方法。

3. 了解农药残留检测中前处理的一般流程。

4. 通过查阅有关文献资料,学会设计实验方案,提高综合分析问题和解决问题的能力。

二、基本原理

农药残留是农药使用后一个时期内没有被分解而残留于生物体、土壤、水体和大气中的微量农药原体、有毒代谢物、降解物和杂质的总称。农药残留种类繁多,在我国常用的农药有几百种。目前广泛使用的主要包括有机氯、拟除虫菊酯、有机磷和氨基甲酸酯类农药。农药在保护农作物生长、抵抗病虫害方面起到了重要的作用;同时由于部分农药降解时间长,毒性大,一些农户在农药安全间隔期施用农药,容易造成急慢性中毒。随着人们对食品中农药残留及食品安全的关注,新型、快速、灵敏、准确的检测方法不断问世,但农药残留的分析仍以色谱法为主。本试验以气相色谱为检测仪器,根据所选实验对象设计不同前处理步骤和实验条件,实现对食品中农残的定量测定。

三、实验内容

1. 通过查阅文献,了解农药残留的种类和测定方法。

2. 根据实验室现有条件,利用所学理论知识和实验技术,查阅文献后独立设计出具体的实验方案,并提交有关指导老师审阅通过后才能进行实验。

设计方案时,要求写出下列内容。

(1) 测定原理简述(包括分析方法的选择及依据,相关的基本原理)。

(2) 实验所需的主要仪器和试剂(包括基准物质、试剂浓度、仪器的使用条件等)。

(3) 操作步骤(包括标液的配制、试验前处理的具体操作过程)。

(4) 设计问题讨论,掌握实验注意事项。

五、实验选题

1. 蔬菜和水果中有机磷农药残留测定

试样中有机磷农药经有机溶剂提取,提取液经过滤、浓缩定容,采用气相色谱的氮磷检测器(FPD)或火焰光度(FID)检测,用色谱峰的保留时间定性,外标法定量。

2. 食品中有机氯和拟除虫菊酯类农药残留测定

试样中有机氯农药用石油醚、丙酮等有机溶剂提取,经液液分配及费罗里硅土层析净化除去干扰物质,用附有电子捕获器(ECD)的气相色谱检测。根据色谱峰的保留时间定性,外标法定量。

3. 食品中氨基甲酸酯类农药残留的测定

试样中氨基甲酸酯类农药用有机溶剂提取,再经液液分配、微柱净化等步骤除去干扰物,用氮磷检测器(FPD)检测,根据色谱峰保留时间定性,外标法定量。

实验三　Multiple Square Wave Voltammetry for
Analytical Determination of Paraquat
in Natural Water(外文文献实验)

Introduction

The multiple square wave voltammetry (MSWV) is a multipulse technique whose perturbation mode is similar to the square wave voltammetry(SWV), but with the difference onto each step of the staircase, it can be applied to more than one pair of potential pulses of the opposing sign. The voltammograms present profile similar to those obtained for SWV, and the response is produced in a few seconds, in which the sampling or integration of the currents is carried out on each step of the staircase, from the difference between the sum of the response which was measured during the forward pulse and the sum of the response which was measured during the reverse pulse.

This mode of multiple pulse potential application is suitable to substitute SWV in the electroanalytical analysis of inorganic and metallorganic compounds since its use allows for the improvement of the analytical sensitivity to about two to three orders of magnitude and it has been successfully applied for trace analysis even in complex samples.

The paraquat herbicide (N, N' - dimethyl - 4, 4' - dipyridinium dichloride), also known as methyl viologen, is one of the most toxic substances used in agriculture in several countries. Paraquat is a bipyridinium herbicide that is utilized to weed control in many crops. There have been many authenticated cases of detection of its residues in water sources, and its residues consist in a potential danger to health since it is a highly persistent molecule when it is present in the environment, and this fact increases the contamination risk from abusive utilization. Due to its continuous use, paraquat has been extensively investigated. Electrochemically, paraquat has been analyzed on different electrode surfaces, i. e. , noble metals, mercury and chemically modified electrodes, making the behavior of this molecule a well-known electrochemical system.

Reagents and Equipments

Reagents: 1.0×10^{-3} mol $\cdot$ L^{-1} stock solution of paraquat; 0.1 mol $\cdot$ L^{-1} Na$_2$SO$_4$; 0.1 mol $\cdot$ L^{-1} NaOH; 0.1 mol $\cdot$ L^{-1}H$_2$SO$_4$.

Equipments: PGZ 402 Voltalab potentiostat; Ag/AgCl as reference electrode; lab-made gold micro wires as working electrode.

Experiment Procedure

Microelectrodes construction and characterization

The Au-ME was constructed from a 25 μm diameter gold wire (Goodfellow). The micro wire was inserted into a piece of glass tube of approximately 0.5 mm internal diameter which was later filled with epoxy resin. After the hardening of the epoxy resin, the Au-ME was polished using a mechanical polisher and glasspaper of different granulations. After this polishing procedure, the Au-ME was cleaned with water, and a disk surface was observed.

The voltammetric characterization was carried out by studying the electrochemical response of the potassium hexacyanoferrate (III) solutions in acid medium because its behavior is well known, and the voltammograms exhibit sigmoid profiles, the characteristic of the utilization of ME.

Working procedure

All measurements were carried out under ambient conditions. A two-electrode configuration was used with the reference electrode (Ag/AgCl 3.0 mol $\cdot$ L^{-1}) which also acts as the counter electrode. The appropriate solutions were transferred into the electrochemical cell and the optimization of the analytical procedure for MSWV was carried out following a systematic study of the experimental parameters that affect the SWV responses, such as, the pH of the medium, the pulse potential frequency (f) related to the total pulses duration, the pulse height (a) and the height of the potential step (E_s) or scan increment. These parameters were properly optimized since their values exert deep influence on the sensitivity of voltammetric analysis. The mentioned parameters were optimised in relation to the maximum value of peak current and the maximum selectivity (half-peak width). Additionally, the number of superimposed pulses in each step (N) was also evaluated.

To accomplish the abovementioned goals, the working electrode was placed in the measuring cell filled with 10 mL of Na_2SO_4 0.1 mol $\cdot$ L^{-1} solution containing a known concentration of pesticide after which the experimental and voltammetric parameters were studied. For the measurements, several support electrolytes were initially tested and the best results obtained for 0.1 mol $\cdot$ L^{-1} Na_2SO_4. The multiple square wave voltammetry was programmed using the universal pulse procedure to present in software Voltamaster 5.06 of the Radiometer Analytical which permitted the generation of one to eight pulses (or levels) superimposed on a potential step between two applied potential set points. In using the software, each step is applied based on a reference level. Values of currents were measured for each applied pulse and the differential current (direct-reverse), measured in the superior limiting point. In all experiments, the electrochemical cell was placed in a Faraday cage in order to minimize background noise. Before initiating the analysis, some cyclic voltammetries at fast rate were realized in a support electrolyte for best results of the ME.

Application of methodology

To attest the applicability of the proposed methodology, the effect of interference was evaluated using natural water samples. The sampling points presented different characteristics with regard to the level of pollution characterized by chemical and biologic oxygen demand. The electrolytes were prepared by dissolving Na_2SO_4 in both pure or natural water, and the measurements performed without pre-treatment of the solutions.

Reference

D. D. Souza, S. A. S. Machado and R. C. Pires, "Multiple Square Wave Voltammetry for Analytical Determination of Paraquat in Natural Water, Food, and Beverages Using Microelectrodes" (Talanta, 2006), 69, p. 1200 – 1207.

实验四 Assessment on Dioxin-Like Compounds Intake from Various Marine Fish(外文文献实验)

Introduction

Polychlorinated dibenzo-p-dioxins and dibenzofurans (PCDD/Fs) and dioxin-like polychlorinated biphenyls (dl-PCBs) are the broad class of environmental pollutants which are ubiquitous in the environment worldwide. PCDD/Fs are unwanted by-products mainly from incomplete combustion as well as manufacture of certain chemicals. Dl-PCBs mainly stemmed from the production and usage of the commercial PCBs mixtures, which has been banned in 1970s, as well as leakage from the container. The great concern on PCDD/Fs and dl-PCBs by humans is their potential risk to human health.

For humans, the exposure pathways to PCDD/Fs and dl-PCBs are dermal contact, inhalation and food intake. Among them, the dietary intake is the main pathway for general population, accounting for more than 90%. In China, especially in southeast China, aquatic foods corresponded to the do minant contribution to the dietary intake of PCDD/Fs and PCBs. These findings revealed the importance of fish as a source of potential exposure to toxic pollutants such as PCDD/Fs and PCBs. This is of great concern taking into account the nutritional role of fish as a part of a healthy diet, whose relevance has notably increased in recent years. In order to monitor the levels of PCDD/Fs and dl-PCBs in seafood and assure the health of humans, data on these compounds in sea fish and other sea food were reported gradually during recent years in China. In the developed area of China, especially in southeast China, the high level body burden of dioxin-like compounds may be due to high consumption of aquatic food such as sea fish in these areas. Therefore, the detailed advices on edible fish selection regarding to dioxin-like compounds level could be essential to reduce the dietary intake of these conta minations in these area.

Reagents and Equipment

Reagents: standard solutions of PCDD/Fs and dioxinlike PCBs; n-hexane, toluene, ethyl acetate, dichloromethane; acetone; diatomite; silica gel

Equipments: Power Prep instrument; HRGC/HRMS

Experimental Procedure

Three individual fish were collected for each fish species. Samples were frozen at $-20\ ℃$ until analysis. After freeze-drying, the 15 congeners of $^{13}C_{12}$- labeled PCDD/Fs and 12 congeners of $^{13}C_{12}$- labeled-dioxin-like PCBs were spiked in the samples, followed by Soxhlet-extracted with a mixture n-hexane/dichloromethane (1:1) and the bulk fat was removed by shaking with acid-modified silica-gel. Sample cleanup was performed using a through Power Prep instrument. The eluting fractions were concentrated to about $10\ \mu L$ and the $^{13}C_{12}$- labeled injection standard for PCDD/Fs and PCBs was added into the concentrated solutions respectively prior to analysis.

The seventeen most toxic congeners of PCDD/Fs and twelve congeners of dioxin-like PCBs were analyzed by HRGC/HRMS equipped with DB-5MS capillary column (60 m×0. 25 mm× 0. 25 μm) at 10000 resolution using the splitless injection mode and multiple ion monitoring (MID). The temperature program for the analysis of PCDD/Fs started with 1 min at 120 ℃, raised to 220 ℃ at 44 ℃ min^{-1} holding for 15 min, and then to 250 ℃ at 2. 3 ℃ min^{-1} and from 250 ℃ to 260 ℃ at 0. 9 ℃ min^{-1}, lastly, ultimately to 310 ℃ at 20 ℃ min^{-1} holding for 11 min. In addition, the temperature was held for 1 min at 90 ℃ and programmed to 180 ℃ at 20 ℃ min^{-1} holding for 1 min, then further to 300 ℃ at 3 ℃ min^{-1} and held for 2 min for the analysis of dioxin-like PCBs. The temperatures of injector, transfer line, ion source and interface temperatures were 260 ℃, 270 ℃, 260 ℃ and 280 ℃, respectively, ionization energy 60 eV and trap current 1. 00 mA.

Reference

Wang, X.; Zhang, H.; Zhang, L.; Zhong, K.; Shang, X.; Zhao, Y.; Tong, Z.; Yu, X.; Li, J.; Wu, Y. Chemosphere, 2015, 118, 163 – 169.